AutoCAD 实例探究与解析

刘俊英　著

中国水利水电出版社

www.waterpub.com.cn

·北京·

内 容 提 要

本书以机用虎钳各零部件及装配图的 CAD 设计作为贯穿项目实例，将机用虎钳的各零件的结构、尺寸进行分析，并讲解了机用虎钳各零件及装配图 CAD 设计原理的解析和探究以及相关绘制的技巧，使读者能够做到举一反三。

全书共包括 10 部分，分为绪论和 9 个实例，分别介绍了机用虎钳各零部件及装配图的实例绘制方法，内容丰富、结构清晰、实例贴近生产实践，技巧方法的讲解简单易懂。每个实例的内容都进行了实例的探究与解析，运用 AutoCAD 软件将实例图形的绘制过程进行了详细讲解。全书运用 AutoCAD 软件进行机械产品实例的分析和设计，提高了软件的应用性、创新性、综合性和实践性，使读者能够耳目一新，学习后具有较高成就感。

本书可作为高等职业院校机械制图相关专业的教材或教学参考书。

图书在版编目（CIP）数据

AutoCAD实例探究与解析 / 刘俊英著. -- 北京 ： 中国水利水电出版社，2019.3（2025.4重印）
ISBN 978-7-5170-7534-9

Ⅰ. ①A… Ⅱ. ①刘… Ⅲ. ①AutoCAD软件 Ⅳ.
①TP391.72

中国版本图书馆CIP数据核字(2019)第051220号

策划编辑：陈红华　　责任编辑：张玉玲　　加工编辑：高双春　　封面设计：李 佳

书　名	AutoCAD 实例探究与解析 AutoCAD SHILI TANJIU YU JIEXI
作　者	刘俊英 著
出版发行	中国水利水电出版社 （北京市海淀区玉渊潭南路 1 号 D 座　100038） 网址：www.waterpub.com.cn E-mail: mchannel@263.net（万水） 　　　　sales@waterpub.com.cn 电话：(010) 68367658（营销中心）、82562819（万水）
经　售	全国各地新华书店和相关出版物销售网点
排　版	北京万水电子信息有限公司
印　刷	三河市元兴印务有限公司
规　格	170mm×240mm　16 开本　12 印张　168 千字
版　次	2019 年 3 月第 1 版　2025 年 4 月第 3 次印刷
定　价	55.00 元

前　　言

近几年各高职院校都在进行教学改革，各课程的教学也由传统教学模式过渡到适合高职学生实际情况的项目式教学。本书在此背景下进行创作，全书都有作者独到的见解和分析，旨在将 AutoCAD 软件的应用与机械设计项目相结合，对实际的机械产品实例进行探究和解析，运用 AutoCAD 软件进行实际项目的设计。

本书以机用虎钳各零部件的 CAD 设计作为贯穿项目实例，使读者在学习机用虎钳各零件设计的过程中掌握 AutoCAD 的相关知识，将 AutoCAD 软件的教学与机械产品设计进行深度融合，提高软件应用的综合性和实践性。读者按照本书进行学习和实例的绘制，可以提高软件的使用能力和产品的设计能力，具有较高的成就感。

总结来说，本书的特色如下：

（1）结构编排合理。机用虎钳是非常典型的机械产品，包括固定钳座、钳口板、虎钳螺钉、活动钳身、机用虎钳环、螺杆、螺母块等零部件以及各种标准件，选择机用虎钳的设计作为综合贯穿实例来讲解 CAD 软件非常合适。

全书共有 9 个实例，每个实例都是运用 CAD 软件进行平面图形设计。根据机用虎钳零件的不同划分各个章节。在每个实例中都对所需设计的图形进行探究和解析，得出所需的 CAD 绘制方法，之后讲解图形的绘制步骤和相应的绘图技巧，使读者能够做到举一反三。

（2）实例贴近生产实践。本书以机用虎钳各零部件的 CAD 设计作为贯穿实例，贴近生产实践，实例的讲解渗透着设计的原理和解析过程，实例的编排既能加深读者对基本命令的应用，又能对实践图形有所了解和掌握，达到理论与实践相结合的目的。

（3）注重设计原理的探究和解析。本书着重对机械产品实例的设计原理进行探究和解析，在应用 AutoCAD 进行设计时，所使用的绘图方法简单易懂。学习者使用本书后，对复杂繁琐的图形也能够快速、准确地绘制出来。

本书作者是从事机械制图和 AutoCAD 教学工作多年的资深教师，有着丰富的教学经验和设计经验。

由于编写时间有限，加之作者水平有限，疏漏和不足之处在所难免，恳请广大读者批评指正。

（注：本书中所有数量单位均为 mm，正文中不再标注。）

作 者

2018 年 10 月

目　　　录

绪　　论

机用虎钳是一种在机床工作台上用来夹持工件，以便于对工件进行加工的夹具。

主要内容：

- 机用虎钳的结构。
- 创建样板图。
- 本章小结。

0.1　机用虎钳结构

图 0-1 是机用虎钳的立体装配爆炸图。用弹簧卡针夹住螺钉（自制）顶面的两个小孔，旋出螺钉后，活动钳身即可取下。拔出左端圆锥销，卸下圆环、垫圈 1，然后旋转螺杆，待螺母块松开后，从固定钳座的右端即可抽出螺杆，再从固定钳身的下面取出螺母块。拧开小螺钉 M8，即可取下钳口板。

本书以机用虎钳为例，讲解各部分零件的设计探究和二维图形的 CAD 设计解析，最终讲解机用虎钳的二维装配图的绘制方法，希望通过此书对工程技术人员、大中专院校教师起到示范、借鉴作用。

在使用 AutoCAD 绘图时，用户可以使用 AutoCAD 提供的样板图形，但 AutoCAD 提供的样板图形有时不能满足用户的需要，这就需要用户创建自己的样板图形。

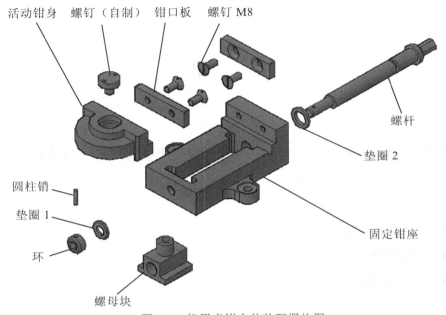

图 0-1　机用虎钳立体装配爆炸图

0.2　创建样板图

利用样板创建新图形，可以避免每次绘制新图形时要进行的有关绘图设置，如图层、线型、文字样式、尺寸标注样式等设置。此外，还包括一些通用图形对象，如标题栏、图框等，不仅提高了绘图效率，而且还保证了图形的一致性。

样板文件的扩展名为*.dwt，通常保存在系统 AutoCAD 目录的 Template 子目录下。样板图形主要包括图框线、标题栏等，本节将分别介绍。

0.2.1　设置样板图的绘图环境

样板图形的绘图环境主要包括以下内容。

（1）设置图层。图层相当于没有厚度的透明胶片。一般情况下，一张完整的图样是由多个图层完全叠加在一起组成的，所有图形对象均是绘制在图层上的。所以建立新图层是绘图所必须的，在绘制图形前用户应该根据绘图标准进行图层的设置。

图层的设置主要是对"新建图层"进行编辑，包括"名称""颜色""线型"和"线宽"。

单击【菜单浏览器】按钮，在弹出的菜单中选择【格式】|【图层】命令，或单击【图层】工具栏里的【图层特性管理器】图标，即可打开如图0-2所示的【图层特性管理器】对话框。单击【新建】按钮，对话框的空白处会出现一新建的图层，如图0-3所示。

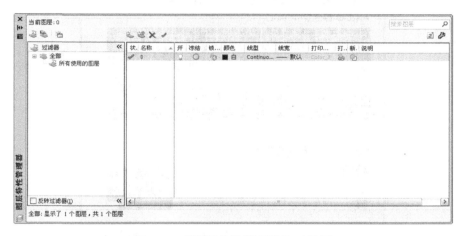

图 0-2 【图层特性管理器】对话框

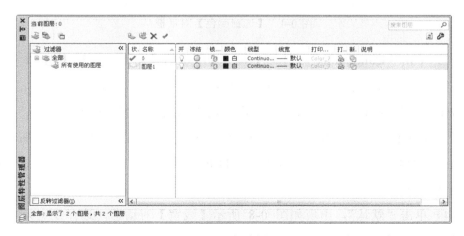

图 0-3 新建图层

设置图层的步骤如下所述。

1）单击"图层 1"，输入图层的新名称，如"中心线"，按 Enter 键，完成"名称"的设置。

2）单击"白色"，出现如图 0-4 所示的【选择颜色】对话框。选择用户需要的颜色如"红色"，单击【确定】按钮，完成"颜色"的设置。

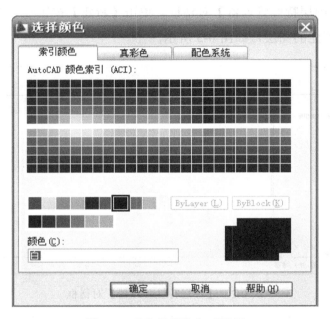

图 0-4   【选择颜色】对话框

3）单击"Continuous"，出现如图 0-5 所示的【选择线型】对话框。由于中心线的线型为点划线，而 AutoCAD 默认的线型为"Solid line"实线，所以单击【加载】按钮，会出现如图 0-6 所示的【加载或重载线型】对话框。选择【可用线型】中的"CENTER"线型，单击【确定】按钮，出现图 0-7 所示的【选择线型】对话框。再次选择"CENTER"线型，单击【确定】按钮，完成"线型"的设置。

4）单击"默认"，出现如图 0-8 所示【线宽】对话框。选择线宽为"0.2毫米"，单击【确定】按钮，完成"线宽"的设置。

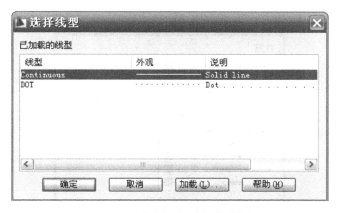

图 0-5　【选择线型】对话框

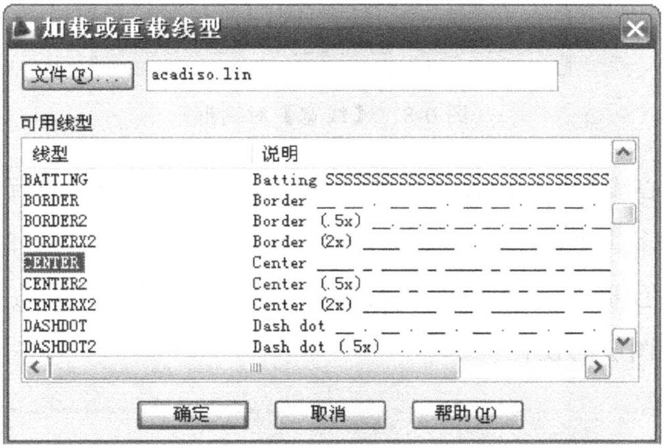

图 0-6　【加载或重载线型】对话框

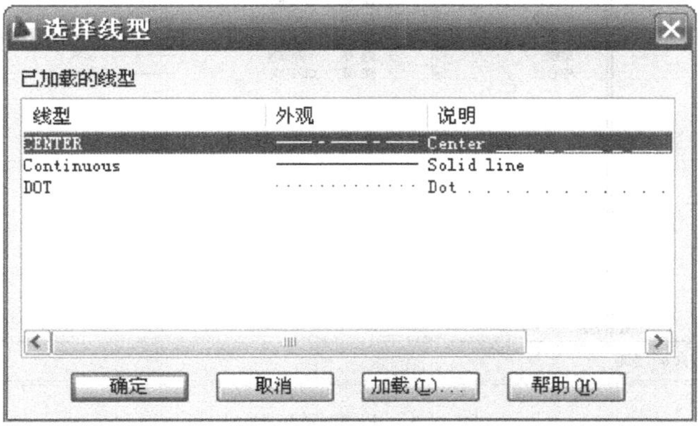

图 0-7　【选择线型】对话框

图 0-8 【线宽】对话框

　　这样"中心线"图层就设置完成了。一般情况下至少要设置 5 到 7 个图层（具体要设置多少个图层还要看图形中的线型样式来定），设置的结果如图 0-9 所示。其中颜色可以随意设置。图层设置完成后，单击对话框左上端的关闭按钮，即可完成图层的设置。

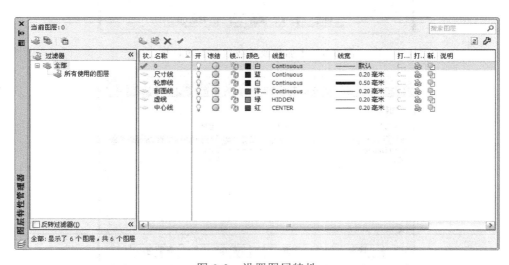

图 0-9 设置图层特性

● 图层的调用方法。

在 AutoCAD 中默认的图层为"0"层。画图时，用户经常要进行图层的调换，比如用户要调用"轮廓线"层，具体的方法为：单击【图层】工具栏"下拉列表框"中的下三角按钮，出现图 0-10 所示的下拉列表，单击"轮廓线"即可将图层改变到"轮廓线"层，如图 0-11 所示。

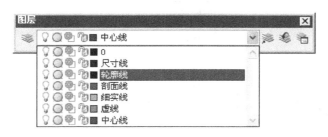

图 0-10 【图层】工具栏下拉列表

图 0-11 【图层】工具栏

● 改变对象所在的图层。

在实际的绘制中，如果绘制完某一图形元素后，发现该元素并没有绘制在预先设置的图层上，可选中该图形元素，在【图层】工具栏"下拉列表框"中选择预先设置好的图层，即可改变对象所在的图层。

（2）设置文字样式。在进行文字标注之前，要对文字的样式进行设置，从而满足文字书写和尺寸标注的需要，下面介绍国标文字样式的设置步骤。

1）启动【文字样式】对话框。

2）选中【使用大字体】复选框。

3）将【SHX 字体】设置为"gbeitc.shx"字体。

4）将【大字体】设置为"gbcbig.shx"字体。

5）将【高度】文本框设置为 3.5，（此高度值适用于 A3、A4 图纸的文字书写和尺寸标注）。其他选项按照默认设置。

6）依次单击【应用】【关闭】按钮，即可完成文字的设置。具体设置内容如图 0-12 所示。

图 0-12   国标文字样式设置内容

（3）设置标注样式。在尺寸标注之前用户要先对尺寸样式进行设置（以 A3 或 A4 图幅为例），具体的步骤如下：

1）启动【标注样式管理器】对话框，如图 0-13 所示。

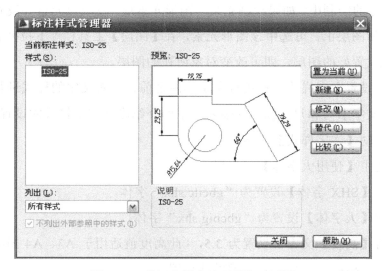

图 0-13   【标注样式管理器】对话框

2）单击【修改】按钮，弹出【修改标注样式】对话框，如图 0-14 所示。

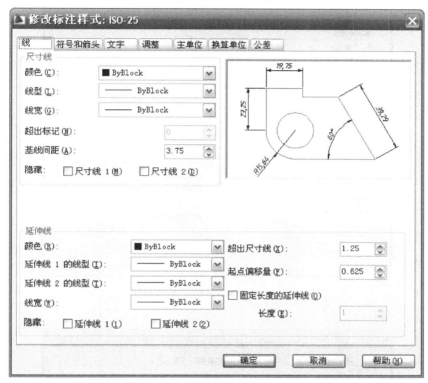

图 0-14　【修改标注样式】对话框

3）在【修改标注样式】对话框中，对【符号和箭头】【文字】和【主单位】3 个选项卡进行设置，具体的设置内容为：

- 【符号和箭头】选项卡，只要设置【箭头大小】和【圆心标记】两个内容即可，将二者设置为 3.5，其他选项按照默认设置不必修改，如图 0-15 所示。

- 【文字】选项卡，将【文字高度】设置为 3.5，其他选项按照默认设置不必修改，如图 0-16 所示。

- 【主单位】选项卡，将【小数分隔符】设置为"句点"，如图 0-17 所示，其他选项按照默认设置不必修改。

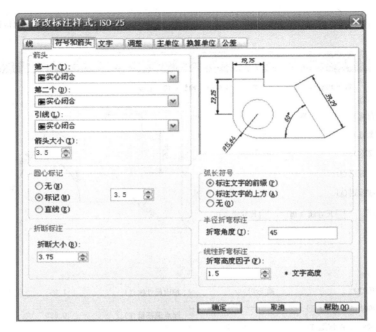

图 0-15 【符号和箭头】选项卡

图 0-16 【文字】选项卡

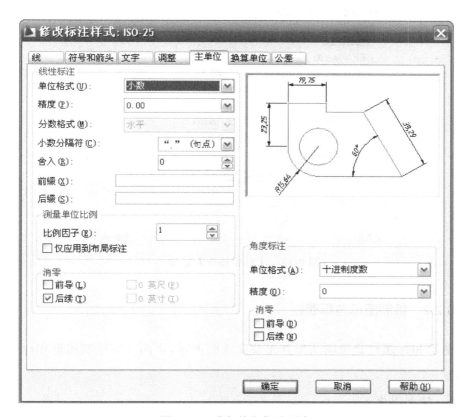

图 0-17　【主单位】选项卡

4）单击【修改标注样式】对话框中的【确定】按钮，返回到【标注样式管理器】对话框。

5）单击【标注样式管理器】对话框中的【关闭】按钮，即完成了尺寸标注样式的设置。

若要新建标注样式，先将上述前 4 步做完，之后再进行新样式的设置，具体设置的内容要根据图纸的要求。

（4）单击【状态栏】中的【正交】和【对象捕捉】按钮，将【正交】和【对象捕捉】功能开启。

（5）将【对象捕捉模式】选项区中的所有复选框选中，如图 0-18 所示。

（6）将"轮廓线"图层置为当前。

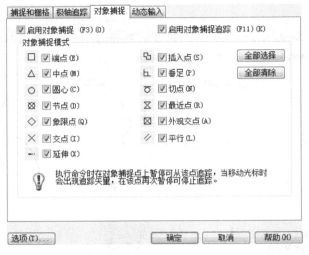

图 0-18 【对象捕捉】选项卡

0.2.2 绘制图框与标题栏

图框和标题栏是绘制图形首先要完成的内容,下面介绍绘制图框和标题栏的方法。

1. 绘制图框

当用户将绘图环境设置好之后,即可以开始绘制图形了。虽然图框的种类很多,但是绘制的方法都相同,所以这里以 A4 图框的绘制为例来介绍图框的绘制方法。

A4 图纸的尺寸为 210×297,减去装订边尺寸,图框的大小为 180×287 或 200×267。

操作步骤如下:

(1)启动【直线】命令,在屏幕上任意一点单击,确定图框的左上角点。

(2)将鼠标向右移动并在【命令行】中输入 180,按【Enter】键,确定图框的右上角点。

(3)将鼠标向下移动并在【命令行】中输入 287,按【Enter】键,确定图框的右下角点。

（4）将鼠标向左移动并在【命令行】中输入 180，按【Enter】键，确定图框的左下角点。

（5）将鼠标向上移动并在【命令行】中输入 287，按【Enter】键，或直接捕捉到图框的左上角点并单击，右击，在弹出的菜单中单击【确定】选项，完成图框的绘制。

2. 绘制标题栏

用户可以参照国家标准来绘制需要的标题栏，下面以图 0-19 所示的标题栏为例，介绍绘制标题栏的方法。

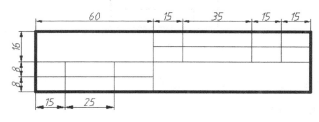

图 0-19　标题栏

操作步骤如下：

（1）启动【偏移】命令，将图框的下边界线向上偏移 32 的距离，结果如图 0-20（a）所示。

（2）重新启动【偏移】命令，将图框的右边界线向左偏移 140 的距离，结果如图 0-20（b）所示。

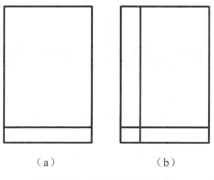

（a）　　　　　　（b）

图 0-20　绘制标题栏边框

（3）启动【修剪】命令，以图 0-20（b）所示的标题栏两条边框线为边界线，修剪多余的线条，结果如图 0-21 所示。

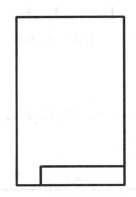

图 0-21　修剪标题栏边框线

（4）启动【偏移】命令，将标题栏的上边界线向下偏移 8 的距离，连续偏移 3 次，结果如图 0-22（a）所示。

（5）重新启动【偏移】命令，将标题栏的左边界线向右偏移 15、40、60、75、110、125 的距离，结果如图 0-22（b）所示。

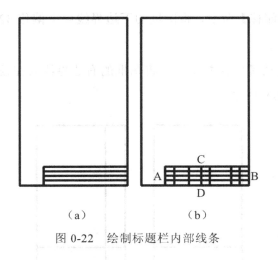

（a）　　　　　　　（b）

图 0-22　绘制标题栏内部线条

（6）启动【修剪】命令，以图 0-22（b）所示的 AB 和 CD 两条直线为边界线，修剪多余的线条，结果如图 0-23（a）所示。

（7）利用反向选取物体的方法，将标题栏内部的线条全部选取，单击【图层】工具栏"下拉列表框"中的下三角按钮 ✔️，单击下拉列表中的"细实线"图层，将标题栏内部的线条转换为细实线，结果如图 0-23（b）所示。完成图框和标题栏的绘制。

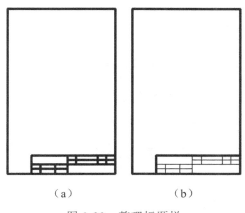

（a）　　　　　　　（b）

图 0-23　整理标题栏

0.2.3　保存样板图形

当把图框和标题栏绘制完成后，用户就可以将样板图形保存到电脑硬盘中，以备下次使用。

操作步骤如下：

（1）单击【菜单浏览器】按钮■，在弹出的菜单中选择【文件】|【保存】命令或从【标准】工具栏中单击【保存】按钮■，由于是第一次保存创建的图形，所以系统将打开【图形另存为】对话框，如图 0-24 所示。

（2）单击【文件类型】中的下三角按钮，选择下拉列表中的"AutoCAD图形样板（*.dwt）"格式，保存目录自动跳转到系统 AutoCAD 的 Template 子目录下，如图 0-25 所示。

（3）输入样板图形的文件名，如"A4"，单击【保存】按钮，弹出如图 0-26 所示的【样板选项】对话框，单击【确定】按钮，完成样板图形的保存。

图 0-24 【图形另存为】对话框 1

图 0-25 【图形另存为】对话框 2

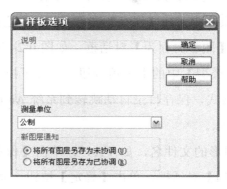

图 0-26 【样板选项】对话框

0.2.4　调用样板图的方法

单击【菜单浏览器】按钮，在弹出的菜单中选择【文件】|【新建】命令或从【标准】工具栏中单击【新建】按钮，可以创建新的图形文件。执行【新建】命令后，弹出如图 0-27 所示的【选择样板】对话框，要求用户选择样板文件。选择用户自己创建的样板图形文件"A4"后，单击【打开】按钮，就会以该样板建立新图形文件。

图 0-27　【选择样板】对话框

0.3　平面图的画法

在绘制图形之前，要先了解一下绘制图形的步骤，从而为绘制图形打下坚实的基础。

绘制 AutoCAD 平面图形的一般步骤如下：

（1）设置图层。

（2）设置文字样式。

（3）设置标注样式。

（4）绘制图框和标题栏。

（5）开始画图，无论图形是"大"还是"小"，首先都按照 1:1 进行绘图，具体步骤为：

- 将图层切换到"轮廓线"图层，将图形的轮廓绘制完成（包括中心线、虚线）。
- 将中心线、虚线转换成"中心线""虚线"图层，具体的操作方法为：先将图形中的中心线或虚线选上，再单击"图层"工具栏中的下三角按钮，选择对应的图层即可。
- 将图形进行放大或缩小。
- 将图层转换到"尺寸线"图层，进行尺寸的标注。
- 将图层转换到"剖面线"图层，进行图案填充。
- 将图层转换到"文字"图层，进行文字书写。

（6）将图形移动到图框内。

（7）图形打印输出。

（8）图形保存（此过程要在绘制图形的过程中频繁操作）。

0.4 小结

绪论部分主要讲解了机用虎钳的结构、样板图的创建方法、图框和标题栏的绘制方法、平面图形的绘制方法。

重点与难点

1．样板图的创建方法。

2．图框和标题栏的绘制方法。

实例 1　绘制机用虎钳固定钳座

本实例重点介绍机用虎钳固定钳座的设计。固定钳座在装配件中起支承钳口板、活动钳身、螺杆和螺母块等零件的作用，螺杆与固定钳座的左、右端分别以 ϕ12H8/f7 和 ϕ18H8/f7 间隙配合。活动钳身与螺母块以 ϕ20H8/f7 间隙配合。

本实例主要内容有：

- 固定钳座的设计探究。
- 固定钳座 CAD 设计解析。
- 本实例小结。

1.1　固定钳座的设计探究

固定钳座的左、右两端是由 ϕ12H8 和 ϕ18H8 两水平的圆柱孔组成，支承螺杆在两圆柱孔中转动，其中间是空腔，使螺母块带动活动钳身沿固定钳座作直线运动。为了使机用虎钳固定在机床工作台上用来夹持工件，固定钳座的前、后有两个凸台，凸台中的两个 ϕ11 圆孔的中心距为 116。

1.2　固定钳座 CAD 设计解析

在绘制固定钳座之前，用户首先应该对其进行系统的分析。如图 1-1 所示为机用虎钳固定钳座零件图，固定钳座由于结构、形状比较复杂，加工位置变化较多，通常以自然安放位置或工作位置，最能反映形状特征及相对位置的一面作为主视图的投影方向，一般需用三个或三个以上的基本视图，并选择合适的剖视图来表达其复杂的内部结构。

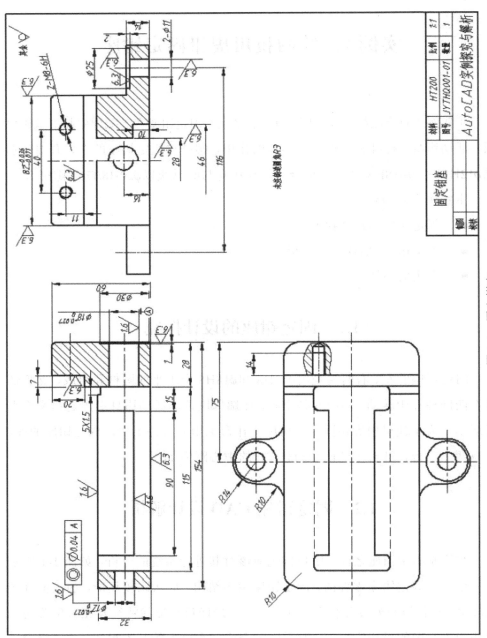

图 1-1 固定钳座

根据国家标准，确定绘图的比例为 1:1，图幅为 A3 横向；零件各部分的线型包括粗实线、中心线、剖面线、虚线和尺寸线；尺寸包括尺寸公差、形位公差、表面粗糙度和基准符号等，另外此图形由 3 个视图组成，其中主视图采用全剖，俯视图采用局部剖，左视图采用半剖的方式表达。下面介绍机用虎钳固定钳座的绘制方法和步骤。

1.2.1　设置绘图环境

（1）启动【文字样式】对话框，设置如图 1-2 所示的国标文字样式。

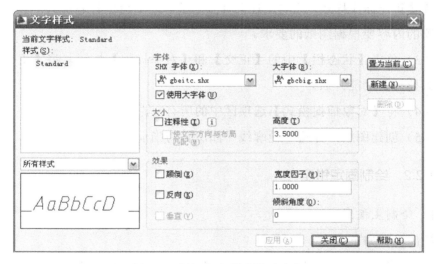

图 1-2　国标文字样式设置内容

（2）设置标注样式（以 A3 或 A4 图幅为例），具体的步骤如下：

1）启动【标注样式管理器】对话框。

2）单击【修改】按钮，弹出【修改标注样式】对话框。

3）在【修改标注样式】对话框中，对【符号和箭头】【文字】和【主单位】3 个选项卡进行设置，具体的设置内容为：

- 【符号和箭头】选项卡，只要设置【箭头大小】和【圆心标记】两个内容即可，将二者设置为 3.5，其他选项按照默认设置不必修改。

- 【文字】选项卡，将【文字高度】，设置为 3.5，其他选项按照默认设置不必修改。

- 【主单位】选项卡，将【小数分隔符】，设置为"句点"，其他选项按照默认设置不必修改。

4）单击【修改标注样式】对话框中的【确定】按钮，返回到【标注样式管理器】对话框。

5）单击【标注样式管理器】对话框中的【关闭】按钮，即完成了尺寸标注样式的设置。

若要新建标注样式，先将上述前 4 步做完，之后再进行新样式的设置，具体设置的内容要根据图纸的要求。

（3）单击【状态栏】中的【正交】和【对象捕捉】按钮，将【正交】和【对象捕捉】功能开启。

（4）将【对象捕捉模式】选项区中的所有复选框选中。

（5）创建图层，并将"轮廓线"图层置为当前。

1.2.2 绘制固定钳座

1．绘制主视图

操作步骤如下：

（1）启动【直线】命令，绘制固定钳座的水平中心线和右端面线，如图 1-3 所示。

图 1-3 绘制绘图基准线

（2）启动【移动】命令，将右端面线向下移动"16"的距离，结果如图 1-4 所示。

图 1-4　移动右端面线

（3）启动【偏移】命令，将右端面线向左偏移"21""28""43""133"
"143"和"154"的距离，结果如图 1-5 所示。

图 1-5　确定各竖直轮廓线位置

（4）启动【偏移】命令，将水平中心线向下偏移"6"和"16"的距离，
再向上偏移"16""24"和"44"的距离，结果如图 1-6 所示。

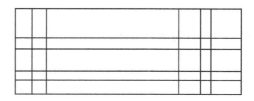

图 1-6　确定各水平轮廓线位置

（5）启动【修剪】命令整理图形，结果如图 1-7 所示。

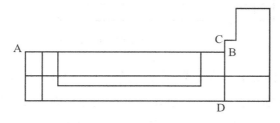

图 1-7　修整轮廓

（6）启动【偏移】命令，将图 1-7 中直线 AB 向下偏移 "1.5" 的距离，将图 1-7 中直线 CD 向左偏移 "5" 的距离，结果如图 1-8 所示。

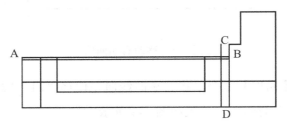

图 1-8　确定槽的位置

（7）启动【修剪】命令整理图形，结果如图 1-9 所示。

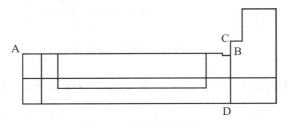

图 1-9　修整槽的形状

（8）启动【偏移】命令，将水平中心线向上、向下分别偏移 "6" 的距离，结果如图 1-10 所示。

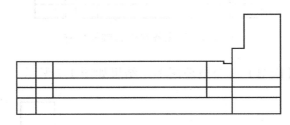

图 1-10　确定左端 ϕ12 孔的位置

（9）启动【修剪】命令整理图形，结果如图 1-11 所示。

（10）启动【偏移】命令，将水平中心线向上、向下分别偏移 "9" 和 "15" 的距离，将右端面线向左偏移 "1" 的距离，结果如图 1-12 所示。

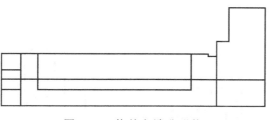

图 1-11　修整左端孔形状

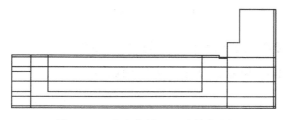

图 1-12　确定左端 ϕ18 孔的位置

（11）启动【修剪】命令整理图形，结果如图 1-13 所示。

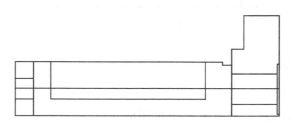

图 1-13　整理右端孔形状

（12）启动【圆角】命令，对右上角倒半径为"R3"的圆角，结果如图 1-14 所示。

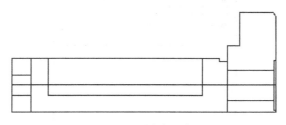

图 1-14　锐边圆角

（13）利用"夹点编辑"的方法整理各中心线的长度并进行图层转换，结果如图 1-15 所示。

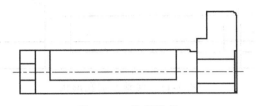

图 1-15　整理线条

（14）启动【图案填充】命令，选择"ANSI31"图案对主视图进行图案填充，结果如图 1-16 所示，结束主视图的绘制。

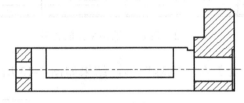

图 1-16　填充视图

2. 绘制俯视图

操作步骤如下：

（1）启动【直线】命令，将主视图的左右端面线向俯视图投影，再画出俯视图的后端面线，如图 1-17 所示。

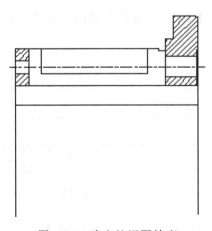

图 1-17　确定俯视图轮廓

（2）启动【偏移】命令，将后端面线向前偏移"82"的距离，结果如图 1-18 所示。

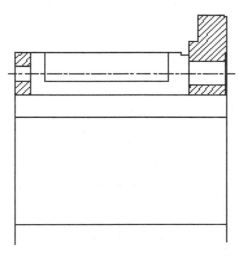

图 1-18　确定前端面线位置

（3）启动【修剪】命令整理图形，结果如图 1-19 所示。

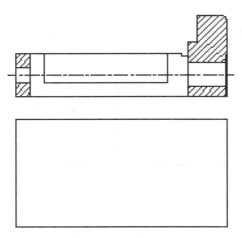

图 1-19　修整轮廓

（4）启动【直线】命令，绘制俯视图的水平中心线，作为绘图基准，结果如图 1-20 所示。

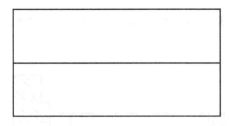

图 1-20　绘制水平中心线

（5）启动【偏移】命令，将右侧端面线向左偏移"75"的距离，将水平中心线向上偏移"58"的距离，结果如图 1-21 所示。

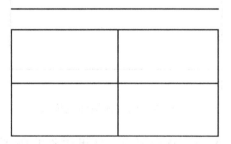

图 1-21　确定安装孔 $\phi11$ 位置

（6）启动【延伸】命令，将上一步得到的竖直中心线延伸至水平中心线，结果如图 1-22 所示。

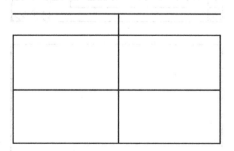

图 1-22　确定安装孔 $\phi11$ 圆心

（7）启动【圆】命令，绘制 $\phi11$、$\phi25$ 和 R14 的 3 个圆，结果如图 1-23 所示。

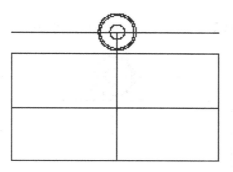

图 1-23　锐边圆角

（8）启动【直线】命令，以 R14 圆的左右象限点为起点，以后端面线为终点，绘制 2 条直线，结果如图 1-24 所示。

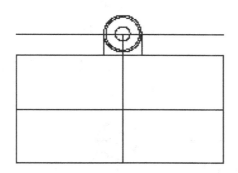

图 1-24　绘制直线

（9）启动【圆角】命令，对上一步绘制的直线倒半径为"R10"的圆角，结果如图 1-25 所示。

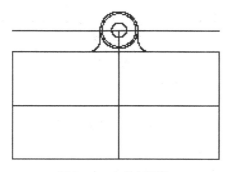

图 1-25　直线倒圆角

（10）启动【镜像】命令，将后部安装孔镜像到前部，结果如图 1-26 所示。

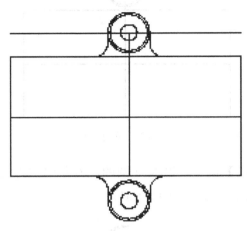

图 1-26　镜像前部安装孔

（11）启动【偏移】命令，将右侧端面线向左偏移"21""28""33""43""133"和"143"的距离，结果如图 1-27 所示。

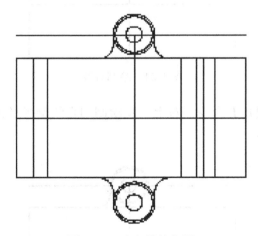

图 1-27　确定槽的位置

（12）启动【偏移】命令，将水平中心线向上、向下分别偏移"14"和"23"的距离，结果如图 1-28 所示。

（13）启动【修剪】命令整理图形，结果如图 1-29 所示。

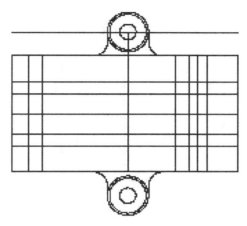

图 1-28　确定槽的位置

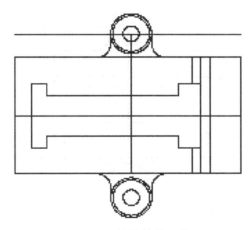

图 1-29　修整槽的形状

（14）启动【圆角】命令，对槽的各个顶点倒半径为"R3"的圆角，结果如图 1-30 所示。

（15）启动【偏移】命令，将水平中心线向上偏移"20"的距离，结果如图 1-31 所示。

（16）启动【偏移】命令，将图 1-31 中的螺纹孔中心线 EF 向上、向下分别偏移"3.4"（M8 螺纹孔小径的一半）的距离，将图 1-31 中的直线 CD 向右偏移"18"的距离，结果如图 1-32 所示。

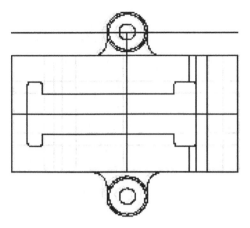

图 1-30　槽顶点倒圆角

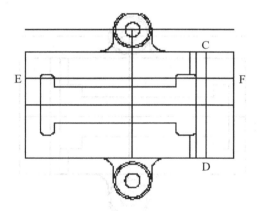

图 1-31　确定 M8 螺纹孔的中心位置

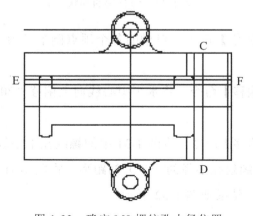

图 1-32　确定 M8 螺纹孔小径位置

（17）启动【修剪】命令整理图形，结果如图 1-33 所示。

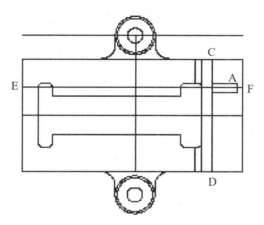

图 1-33　修整小径形状

（18）启动【直线】命令，以图 1-33 所示 A 点为起点，绘制一条水平线，结果如图 1-34 所示。

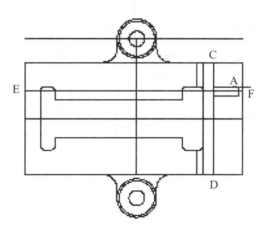

图 1-34　绘制螺纹孔锥角直线

（19）启动【旋转】命令，以图 1-34 所示 A 点为基点，将上一步绘制的水平线旋转"-60°"，结果如图 1-35 所示。

（20）启动【修剪】命令，整理锥角形状，并将整理好的直线镜像到前部，结果如图 1-36 所示。

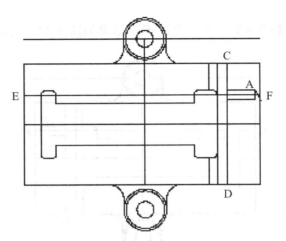

图 1-35　旋转螺纹孔锥角直线

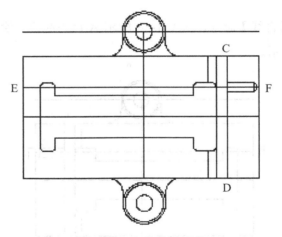

图 1-36　完善锥角形状

（21）启动【偏移】命令，将螺纹孔中心线 EF 向上、向下分别偏移"4"（M8 螺纹孔大径的一半）的距离，将图 1-36 中的直线 CD 向右偏移"14"的距离，结果如图 1-37 所示。

（22）启动【修剪】命令整理图形，结果如图 1-38 所示。

（23）启动【样条曲线】命令，在适当位置绘制一条波浪线，结果如图 1-39 所示。

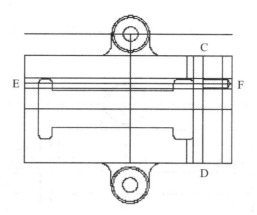

图 1-37　确定 M8 螺纹孔大径位置

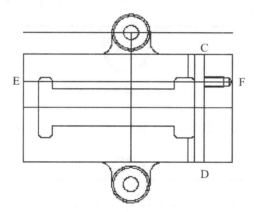

图 1-38　修整大径形状

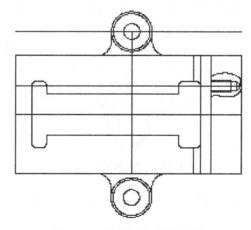

图 1-39　绘制局部剖波浪线

（24）启动【圆角】命令，对 4 个角倒半径为"R10"的圆角，结果如图 1-40 所示。

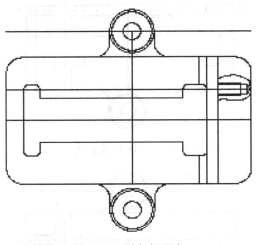

图 1-40 锐角倒圆角

（25）启动【直线】命令，绘制底部槽虚线，结果如图 1-41 所示。

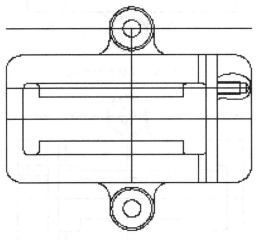

图 1-41 绘制底部槽直线

（26）利用"夹点编辑"的方法整理各中心线的长度并进行图层转换，结果如图 1-42 所示。

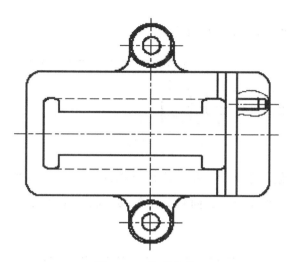

图 1-42 整理线条

（27）启动【图案填充】命令，对螺纹孔局部剖视图进行图案填充，结果
如图 1-43 所示，结束俯视图的绘制。

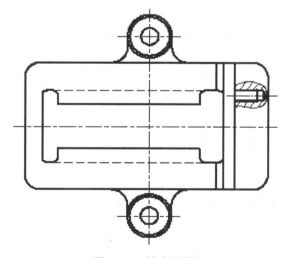

图 1-43 填充视图

3. 绘制左视图

操作步骤如下：

（1）启动【直线】命令，将主视图的上下端面线向左视图投影，再画出

左视图的竖直中心线，如图 1-44 所示。

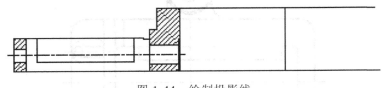

图 1-44　绘制投影线

（2）启动【偏移】命令，将左视图下端面线向上偏移"14""32"和"40"的距离，将竖直中心线向左、向右分别偏移"41"和"72"的距离，结果如图 1-45 所示。

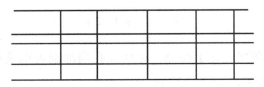

图 1-45　确定前端面线位置

（3）启动【修剪】命令整理图形，结果如图 1-46 所示。

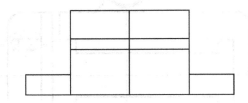

图 1-46　整理左视图

（4）启动【偏移】命令，将竖直中心线向右偏移"14"和"23"的距离，结果如图 1-47 所示。

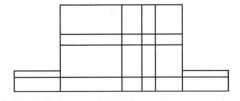

图 1-47　确定前端半剖视图轮廓

（5）启动【修剪】命令整理图形，结果如图 1-48 所示。

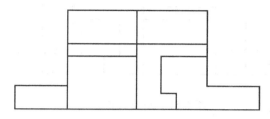

图 1-48　整理半剖视图形状

（6）启动【偏移】命令，将竖直中心线向右偏移"58"的距离，结果如图 1-49 所示。

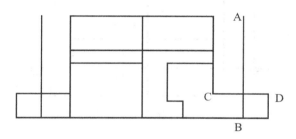

图 1-49　确定安装孔圆心位置

（7）重复启动【偏移】命令，将图 1-49 中直线 AB 向左、向右分别偏移"5.5"和"12.5"的距离，将直线 CD 向下偏移"2"的距离，结果如图 1-50 所示。

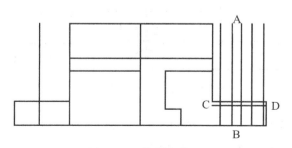

图 1-50　绘制安装孔

（8）启动【修剪】命令整理图形，结果如图 1-51 所示。

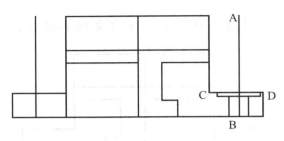

图 1-51 整理安装孔形状

（9）启动【偏移】命令，将底端面线向上偏移"16"的距离，交竖直中心线于点"E"，确定螺杆装配孔的圆心，结果如图 1-52 所示。

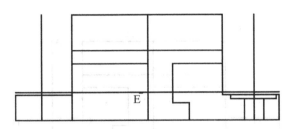

图 1-52 确定螺杆装配孔圆心位置

（10）启动【圆】命令，以点"E"为圆心，绘制 $\phi12$ 和 $\phi18$ 的圆，结果如图 1-53 所示。

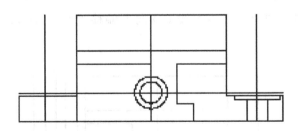

图 1-53 绘制螺杆装配孔

（11）启动【修剪】命令整理图形，结果如图 1-54 所示。

（12）启动【偏移】命令，将顶端面线向下偏移"9"的距离，将竖直中心线向左、向右分别偏移"20"的距离，确定 M8 螺纹孔的圆心，结果如图 1-55 所示。

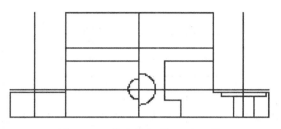

图 1-54　整理螺杆装配孔形状

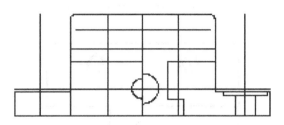

图 1-55　确定 M8 螺纹孔的圆心位置

（13）启动【圆】命令，以上一步确定的圆心分别绘制 $\phi6.8$ 和 $\phi8$ 的圆，结果如图 1-56 所示。

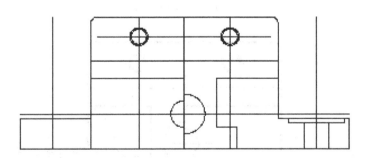

图 1-56　绘制 M8 螺纹孔

（14）启动【修剪】命令，将 M8 螺纹孔大径圆修剪 1/4，结果如图 1-57 所示。

（15）利用"夹点编辑"的方法整理各中心线的长度并进行图层转换，结果如图 1-58 所示。

（16）启动【图案填充】命令，对螺纹孔局部剖视图进行图案填充，结果如图 1-59 所示，结束左视图的绘制。

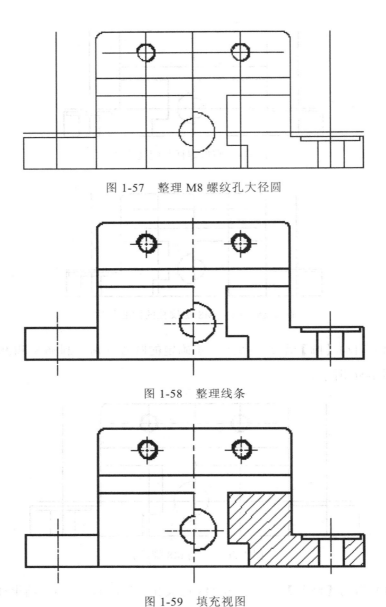

图 1-57　整理 M8 螺纹孔大径圆

图 1-58　整理线条

图 1-59　填充视图

1.2.3　标注机用虎钳固定钳座

绘制完成机用虎钳固定钳座后，用户即可进行尺寸的标注。一般尺寸标注用户可自行完成，本实例主要介绍带尺寸公差的尺寸标注方法。

1. 标注带尺寸公差的尺寸

以标注"$\phi 12^{+0.027}_{0}$"和"$82^{-0.036}_{-0.071}$"为例说明在该图中标注尺寸公差的方法。

（1）标注尺寸"$\phi 12^{+0.027}_{0}$"。

操作步骤如下：

1）将图层转换到"尺寸线"图层。

2）启动【线性尺寸】标注命令，标注线性尺寸"12"，结果如图 1-60 所示。

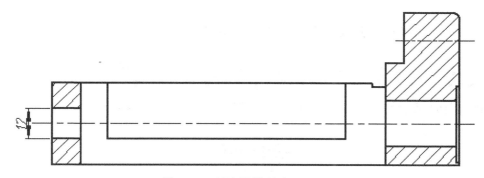

图 1-60 标注线性尺寸"12"

3）启动【文字编辑】命令。

4）选择要编辑的线性尺寸"12"。

5）弹出图 1-61 所示的【文字格式】对话框，在尺寸"12"前输入"%%c"即ϕ，在尺寸"12"后输入"+0.027^ 0"（由于下偏差为 0，为保证上下偏差的 0 相互对齐，在下偏差 0 前输入一个空格），结果如图 1-61 所示。

图 1-61 尺寸编辑内容

6）选择 "+0.027^　0"，如图 1-62 所示。

图 1-62　选择尺寸公差

7）单击【堆叠】按钮 ，结果如图 1-63 所示。

图 1-63　堆叠效果

8）单击【确定】按钮退出编辑界面，完成尺寸编辑，结果如图 1-64 所示。

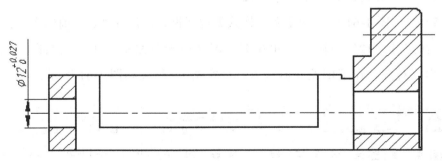

图 1-64　尺寸编辑结果

（2）标注尺寸 "$82^{-0.036}_{-0.071}$"。

操作步骤如下：

1）启动【线性尺寸】标注命令，标注线性尺寸 "82"，结果如图 1-65 所示。

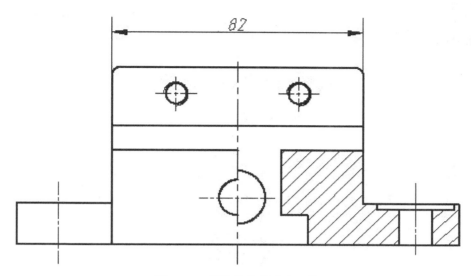

图 1-65　标注线性尺寸"82"

2）启动【文字编辑】命令。

3）选择要编辑的线性尺寸"82"。

4）弹出图 1-66 所示的【文字格式】对话框，在尺寸"82"后输入"-0.036^-0.071"，结果如图 1-66 所示。

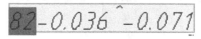

图 1-66　尺寸编辑内容

5）选择"-0.036^-0.071"，如图 1-67 所示。

6）单击【堆叠】按钮 ⤴ ，结果如图 1-68 所示。

7）单击【确定】按钮退出编辑界面，完成尺寸编辑，结果如图 1-69 所示。

图 1-67　选择尺寸公差

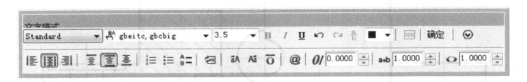

图 1-68　堆叠效果

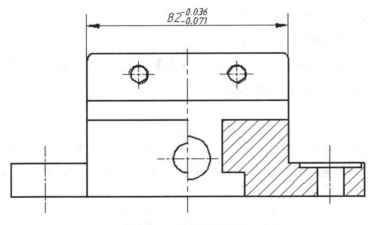

图 1-69　尺寸编辑结果

2. 标注形位公差

操作步骤如下：

（1）启动【快速引线】命令，在【命令行】中输入"S"，按【回车】键，弹出【引线设置】对话框，将【注释类型】选项区设置为"公差"，如图 1-70 所示。

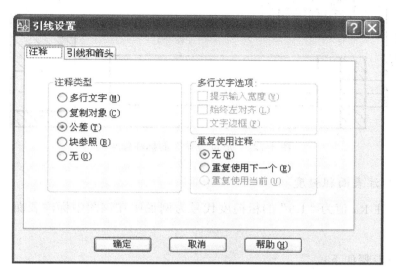

图 1-70 【引线设置】对话框

（2）单击【确定】按钮，返回到绘图区域，光标捕捉尺寸"$\phi12^{+0.027}_{0}$"的上端箭头的顶点，单击，确定快速引线的第 1 个点，将光标向上移动，在适当位置单击，确定快速引线的第 2 个点，将光标向右移动，在适当位置单击，确定快速引线的第 3 个点，同时弹出如图 1-71 所示的【形位公差】对话框，对其内容进行设置，单击【确定】按钮完成标注。结果如图 1-72 所示。

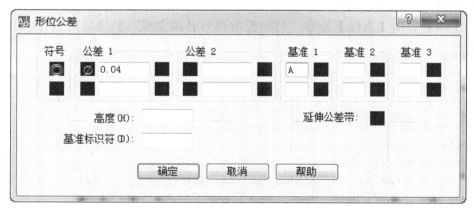

图 1-71 设置好的【形位公差】对话框

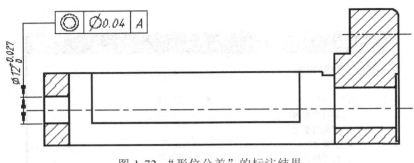

图 1-72 "形位公差"的标注结果

3．标注表面粗糙度

以标注 Ra 值为"1.6"的粗糙度代号为例说明在该图中标注表面粗糙度的方法。

操作步骤如下：

（1）启动【直线】命令，绘制长度为"5"的水平直线和竖直线，如图 1-73（a）所示。

（2）选择图 1-73（a）中的竖直线，单击上端点，将光标向上移动并在【命令行】中键入"5"，按【Enter】键，将竖直线拉长为"10"，如图 1-73（b）所示。

（3）启动【旋转】命令，以竖直线的中点为基点，将其旋转"-30"度，结果如图 1-73（c）所示。

（4）启动【直线】命令，将粗糙度符号补画完整，结果如图 1-73（d）所示。

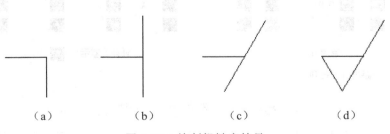

| （a） | （b） | （c） | （d） |

图 1-73　绘制粗糙度符号

（5）启动【多行文字】命令，在图 1-73（d）所示的粗糙度符号上方适当位置书写数字"1.6",如图 1-74 所示。

图 1-74　书写粗糙度数值

（6）启动【移动】命令，将图 1-74 所示的粗糙度代号移动到上端面轮廓线的中点，完成粗糙度的标注，结果如图 1-75 所示。

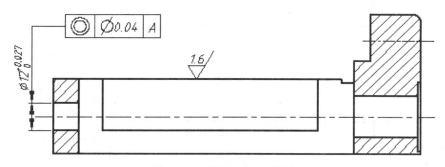

图 1-75　粗糙度标注结果

其他粗糙度代号的标注可以以此粗糙度代号为源对象，复制后做适当的修改即可，这里不再叙述。

4. 标注基准符号

以标注基准符号 A 为例说明在该图中标注基准符号的方法。

操作步骤如下：

（1）启动【多行文字】命令，在适当位置书写高度为"3.5"的字母"A"，如图 1-76（a）所示。

（2）启动【圆】命令，以适当位置为圆心，绘制直径为"7"的圆，结果如图 1-76（b）所示。

（3）启动【直线】命令，以图 1-76b 绘制的圆的上象限点为起点，绘制适当长度的直线，如图 1-76（c）所示。

（4）启动【直线】命令，以图 1-76c 绘制的直线的上端点为中点，绘制长度为"7"的直线，如图 1-76（d）所示。

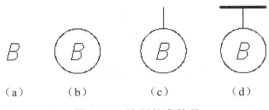

（a）　　（b）　　（c）　　（d）

图 1-76　绘制基准符号

（5）启动【移动】命令，将图 1-76（d）所示的基准符号移动到尺寸"$\varnothing 18^{+0.027}_{0}$"的正下方，完成基准符号的标注，结果如图 1-77 所示。

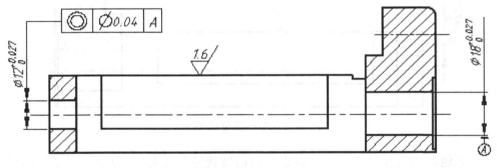

图 1-77　基准符号标注结果

其他基准符号的标注可以以此基准符号为源对象，复制后做适当的修改即可，这里不再叙述。

其他一般尺寸请读者自己标注。

1.2.4　书写技术要求及标题栏内容

尺寸标注结束后，用户就只剩下文字的书写了。机用虎钳固定钳座的文字主要是技术要求和标题栏的内容。本节将介绍书写这些文字的方法和技巧。

1. 书写技术要求

由于此图形的技术要求只有一句话，所以操作非常简单。启动【多行文字】

命令，光标在绘图区域内任意位置选择两点，在弹出的【文字格式】对话框中输入"未注铸造圆角 R3"后，单击【确定】按钮，即可完成技术要求的书写。

2．填写标题栏内容

标题栏是反映图形属性的一个重要信息来源，用户可以在其中查找零部件的材料、设计者、比例、图名等信息。图 1-78 为填写后的标题栏，下面介绍具体的书写方法。

固定钳座		材料	HT200	比例	1:1
		图号	JYTHQ001-01	数量	1
制图			AutoCAD实例探究与解析		
校核					

图 1-78　填写的标题栏

操作步骤如下：

（1）启动【多行文字】命令，第一点选择如图 1-79 所示的 A 点，对角点选择如图 1-79 所示的 B 点。

（2）在【文字输入窗口】中输入文字"制图"，"注意：字高为 5"单击【文字对正】按钮**Ａ▾**，在弹出的下拉菜单中选择【正中】命令，单击【确定】按钮，完成多行文字的创建，结果如图 1-79 所示。

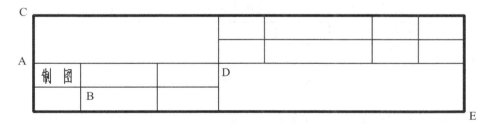

图 1-79　书写文字"制图"

（3）启动【复制】命令，将图 1-79 中的文字"制图"复制到其他框中，如图 1-80 所示。

图 1-80 复制文字"制图"

（4）启动【文字编辑】命令，编辑图 1-80 中的文字，结果如图 1-81 所示。

		材料	HT200	比例	1:1
		图号	JYTHQ001-01	数量	1
制图					
校核					

图 1-81 修改文字

（5）重新启动【多行文字】命令，第一点选择如图 1-82 所示的 C 点，对角点选择如图 1-82 所示的 D 点。在【文字输入窗口】中输入文字"固定钳座"（注意：字高为 7），单击【文字对正】按钮，在弹出的下拉菜单中选择【正中】命令，单击【确定】按钮，完成多行文字的创建，结果如图 1-82 所示。

固定钳座		材料	HT200	比例	1:1
		图号	JYTHQ001-01	数量	1
制图					
校核	B				

图 1-82 书写文字"固定钳座"

（6）重新启动【多行文字】命令，第一点选择如图 1-82 所示的 D 点，对角点选择如图 1-82 所示的 E 点。在【文字输入窗口】中输入文字"AutoCAD 实例探究与解析"（注意：字高为 7），单击【文字对正】按钮，在弹出的下拉菜单中选择【正中】命令，单击【确定】按钮，完成多行文字的创建，结果如图 1-78 所示。

1.3 本实例小结

本实例主要讲解了机用虎钳固定钳座的设计探究，固定钳座 CAD 设计解析，尺寸公差的标注方法，利用快速引线标注形位公差的方法，粗糙度符号、基准符号的标注方法。

本实例重点与难点

1．固定钳座 CAD 设计解析。

2．尺寸公差的标注方法。

3．利用快速引线标注形位公差的方法。

4．粗糙度符号、基准符号的标注方法。

实例 2　绘制机用虎钳钳口板

本实例重点介绍机用虎钳钳口板的设计。固定钳身和活动钳身上都装有钳口板，它们之间通过螺钉 M8 连接起来，为了便于夹紧工件，钳口板上应有滚花结构。

本实例主要内容有：

● 钳口板的设计探究。

● 钳口板 CAD 设计解析。

● 本实例小结。

2.1　钳口板的设计探究

钳口板用 M8X10 的沉头螺钉紧固在固定钳座和活动钳身上，以便磨损后更换。根据钳口板的使用环境，要求其强度、韧性和塑性都较高，因此选用材料为 45#钢，淬火后，硬度在 40～45HRC，能满足其硬度和韧性要求。

为了使钳口板固定在固定钳身和活动钳身上，钳口板中间有两个 $\phi 9$ 的沉孔，中心距为 40，到下底面的距离为 11。

2.2　钳口板 CAD 设计解析

在绘制钳口板之前，用户首先应该对其进行系统的分析。如图 2-1 所示为机用虎钳钳口板零件图。根据国家标准，确定绘图的比例为 1:1（局部放大图为 2:1），图幅为 A4 竖向；零件各部分的线型包括粗实线、中心线、剖面线和尺寸线；尺寸包括线性尺寸、角度尺寸、局部放大尺寸、剖切符号和表面粗糙度等，另外此图形由 3 个视图组成，其中左视图采用全剖，另外一个局部放大视图表达滚花结构。

下面介绍机用虎钳钳口板的绘制方法和步骤。

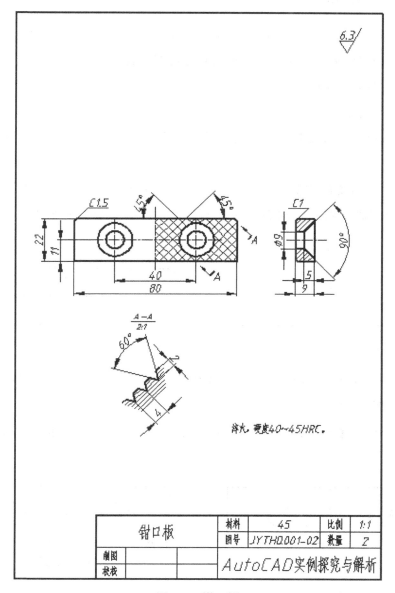

图 2-1　钳口板

2.2.1 设置绘图环境（此部分设置内容请参见实例 1）

2.2.2 绘制钳口板

钳口板左视图有一个 90°的沉孔，其在主视图的投影不能直接绘制出来，所以在绘制钳口板视图时要将主视图和左视图联合绘制。

1. 绘制主、左视图

操作步骤如下：

（1）启动【直线】命令，绘制钳口板的竖直中心线和底端端面线，如图 2-2 所示。

（2）启动【偏移】命令，将竖直中心线向左、向右分别偏移 "20" 和 "40" 的距离，将底端端面线向上偏移 "11" 和 "22" 的距离，结果如图 2-3 所示。

图 2-2　绘制绘图基准线　　　　　图 2-3　确定各轮廓及孔圆心位置

（3）启动【圆】命令，以图 2-3 中的 A 点和 B 点为圆心，绘制 2 个 $\phi9$ 的圆，如图 2-4 所示。

（4）启动【倒角】命令，对左、右上角倒距离为 "1.5" 的角，结果如图 2-5 所示。

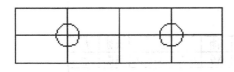

图 2-4　绘制沉孔小圆

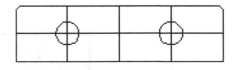

图 2-5　锐边倒角

（5）启动【直线】命令，将主视图的上下端面线和水平中心线向左视图投影，再画出左视图的后端面线，结果如图 2-6 所示。

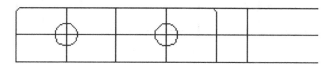

图 2-6 确定左视图外轮廓

（6）启动【偏移】命令，将后端面线向前偏移"5"和"9"的距离，结果如图 2-7 所示。

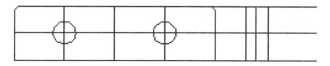

图 2-7 确定前端面线和沉孔深度位置

（7）启动【修剪】命令整理图形，结果如图 2-8 所示。

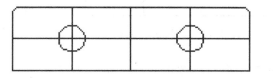

图 2-8 整理外轮廓

（8）启动【偏移】命令，将左视图水平中心线向上、向下偏移"4.5"的距离，结果如图 2-9 所示。

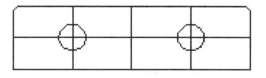

图 2-9 确定沉孔小孔位置

（9）启动【修剪】命令整理图形，结果如图 2-10 所示。

（10）启动【直线】命令，以图 2-10 左视图中的 C 点为起点，绘制一条适当长度的直线，如图 2-11 所示。

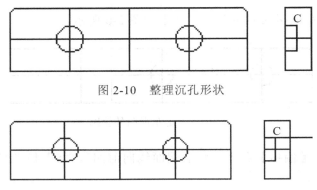

图 2-10　整理沉孔形状

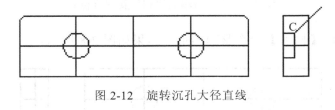

图 2-11　绘制沉孔大径直线

（11）启动【旋转】命令，以 C 点为基点，将上一步绘制的直线旋转 45°，如图 2-12 所示。

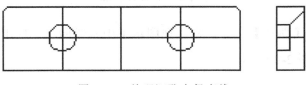

图 2-12　旋转沉孔大径直线

（12）启动【修剪】命令整理图形，结果如图 2-13 所示。

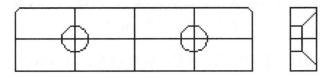

图 2-13　整理沉孔大径直线

（13）启动【镜像】命令，将沉孔大径镜像到前端，结果如图 2-14 所示。

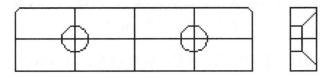

图 2-14　镜像沉孔大径直线

（14）启动【倒角】命令，对左视图的左上、左下角倒距离为"1"的角，结果如图 2-15 所示。

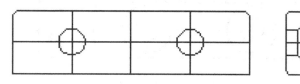

图 2-15　锐边倒角

（15）启动【圆】命令，以左视图右端面线中点为圆心，以沉孔大孔与右端面线交点到中点的距离为半径，绘制圆，如图 2-16 所示。

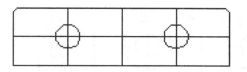

图 2-16　绘制沉孔大圆

（16）启动【移动】命令，以上一步绘制的圆的圆心为基点，以主视图沉孔小圆的圆心为终点，移动上一步绘制的圆，结果如图 2-17 所示。

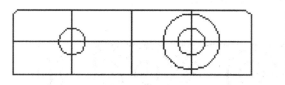

图 2-17　移动沉孔大圆

（17）启动【复制】命令，复制沉孔大圆，结果如图 2-18 所示。

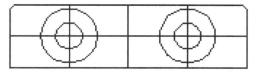

图 2-18　复制沉孔大圆

（18）利用"夹点编辑"的方法整理各中心线的长度并进行图层转换，结果如图 2-19 所示。

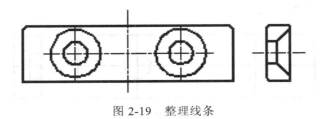

图 2-19　整理线条

（19）启动【图案填充】命令，对左视图进行图案填充，结果如图 2-20 所示。

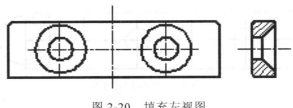

图 2-20　填充左视图

（20）启动【图案填充】命令，对主视图进行图案填充，结果如图 2-21 所示，结束主视图和左视图的绘制。

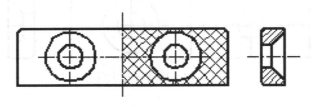

图 2-21　填充主视图

2. 绘制局部放大图

操作步骤如下：

（1）启动【直线】命令，绘制一条长度为 15 的水平线和一条长度为 2 的竖直线，如图 2-22 所示。

（2）启动【偏移】命令，将竖直线向右偏移"4"的距离，结果如图 2-23 所示。

图 2-22   绘制绘图基准线   图 2-23   确定槽位置

（3）启动【旋转】命令，以上一步得到直线底点"1"为基点，将直线旋转 30°，结果如图 2-24 所示。

（4）启动【镜像】命令，以"1"点为对称线的起点，向上任意点一点作为镜像线的第二点，将左侧槽线镜像到右侧，结果如图 2-25 所示。

图 2-24 旋转槽直线   图 2-25   镜像槽斜线

（5）启动【延伸】命令，将槽的两条斜线延伸到上基准线，结果如图 2-26 所示。

（6）启动【复制】命令，以任意一点为基点，将光标向右移动，在【命令行】中键入"4"，按【回车】键，再在【命令行】中键入"8"，按【回车】键，即将槽的两条斜线向右复制了 2 个，结果如图 2-27 所示。

图 2-26   延伸槽斜线   图 2-27   复制槽直线

（7）启动【修剪】命令整理图形，结果如图 2-28 所示。

（8）启动【样条曲线】命令，绘制波浪线，结果如图 2-29 所示。

图 2-28   整理槽   图 2-29   绘制波浪线

（9）启动【缩放】命令，将滚花局部视图放大"2"倍，结果如图 2-30 所示。

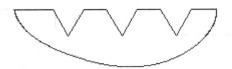

图 2-30　放大局部视图

（10）对各个线型进行图层转换，结果如图 2-31 所示。

图 2-31　整理线条

（11）启动【旋转】命令，以任意一点为基点，将放大视图旋转 45°，结果如图 2-32 所示。

图 2-32　旋转放大视图

（12）启动【图案填充】命令，对局部放大视图进行图案填充，结果如图 2-33 所示，结束局部放大视图的绘制。

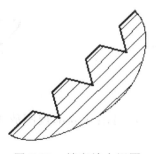

图 2-33　填充放大视图

2.2.3 标注机用虎钳钳口板

绘制完成机用虎钳钳口板后，用户即可进行尺寸的标注。本节主要介绍局部放大视图的尺寸标注方法。

操作步骤如下：

（1）将图层转换到"尺寸线"图层。

（2）启动【对齐尺寸】标注命令，标注对齐尺寸"4"和"8"，结果如图2-34 所示。

（3）双击尺寸"4"，弹出如图 2-35 所示的特性对话框，将标注的线性比例改成"0.5"，结果如图 2-35 所示。

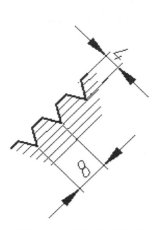

图 2-34　标注对齐尺寸

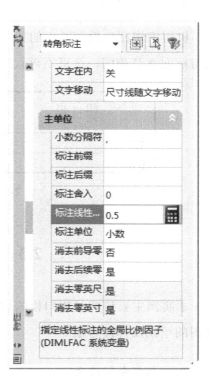

图 2-35　修改标注线性比例数值

（4）用相同的方法调整尺寸"8"，结果如图 2-36 所示。

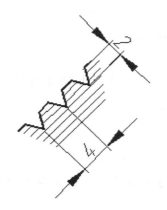

图 2-36　比例调整后的尺寸

2.2.4　书写技术要求及标题栏内容

机用虎钳钳口板图纸中的文字主要包括技术要求和标题栏，这些文字的书写与前面章节相同，这里不再叙述。图 2-37 为填写后的标题栏。

钳口板		材料	45	比例	1:1
		图号	JYTHQ001-02	数量	2
制图			AutoCAD实例探究与解析		
校核					

图 2-37　填写的标题栏

2.3　本实例小结

本实例主要讲解了钳口板的设计探究；钳口板 CAD 设计解析；局部放大视图的绘制及标注方法。

本实例重点与难点

1．局部放大视图的绘制方法。

2．局部放大视图的标注方法。

实例 3 绘制机用虎钳螺钉

本实例重点介绍机用虎钳螺钉的设计。螺母块的上部装在活动钳身的孔中，它们之间通过螺钉固定在一起。

本实例主要内容有：

- 螺钉的设计探究。
- 螺钉 CAD 设计解析。
- 本实例小结。

3.1 螺钉的设计探究

螺钉是自制件，用于连接活动钳身和螺母块，由于顶部是 $\phi26$ 的圆柱体，下部螺纹直径为 M10。为了便于安装和拆卸，在顶部圆柱上开有两个直径 $\phi4$ 的孔，孔间距为 18。

3.2 螺钉 CAD 设计解析

在绘制螺钉之前，用户首先应该对其进行系统的分析。如图 3-1 所示为机用虎钳螺钉零件图，根据国家标准，确定绘图的比例为 2:1，图幅为 A4 竖向；零件各部分的线型包括粗实线、中心线、剖面线和尺寸线；尺寸包括螺纹公差、表面粗糙度等，另外此图形由 2 个视图组成，其中主视图采用局部剖视图，表达顶端小孔的形状。下面介绍机用虎钳螺钉的绘制方法和步骤。

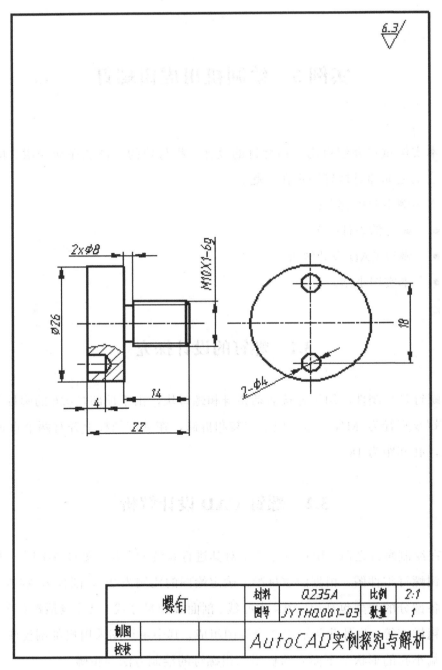

图 3-1   螺钉

3.2.1 设置绘图环境（此部分设置内容请参见实例 1）

3.2.2 绘制螺钉

1. 绘制主视图

操作步骤如下：

（1）启动【直线】命令，绘制螺钉的水平中心线和左端端面线，如图 3-2 所示。

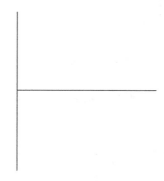

图 3-2　绘制绘图基准线

（2）启动【偏移】命令，将左端面线向右分别偏移"8"和"22"的距离，将水平中心线向上、向下分别偏移"5"和"13"的距离，结果如图 3-3 所示。

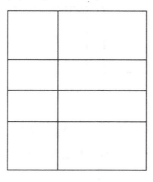

图 3-3　确定各轮廓位置

（3）启动【修剪】命令整理图形，结果如图 3-4 所示。

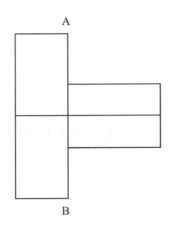

图 3-4　修整图形

（4）启动【偏移】命令，将水平中心线向上、向下分别偏移"4"和"4.25"的距离，结果如图 3-5 所示。

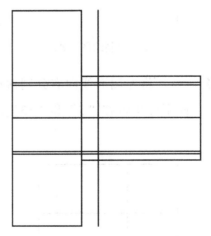

图 3-5　确定退刀槽和螺纹小径的位置

（5）启动【修剪】命令整理图形，结果如图 3-6 所示。

（6）启动【倒角】命令，对螺纹顶部倒距离为"0.75"的角，结果如图 3-7 所示。

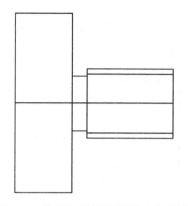

图 3-6　整理退刀槽和螺纹小径形状

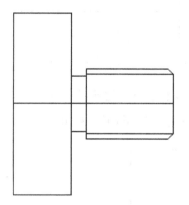

图 3-7　螺纹顶部倒角

（7）启动【直线】命令，将螺纹顶部倒角连接，结果如图 3-8 所示。

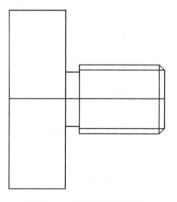

图 3-8　绘制倒角直线

（8）启动【偏移】命令，将水平中心线向下偏移"9"的距离，确定小孔中心线的位置，结果如图 3-9 所示。

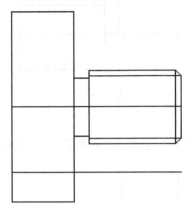

图 3-9　确定小孔中心线位置

（9）重复启动【偏移】命令，将小孔的中心线向上、向下偏移"2"的距离，确定小孔轮廓线的位置，结果如图 3-10 所示。

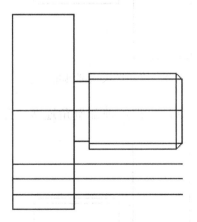

图 3-10　确定小孔轮廓

（10）重复启动【偏移】命令，将左端面线向右偏移"4"的距离，确定小孔的深度，结果如图 3-11 所示。

（11）启动【修剪】命令整理小孔形状，结果如图 3-12 所示。

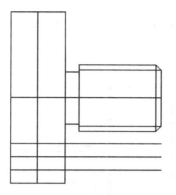

图 3-11 确定小孔的深度

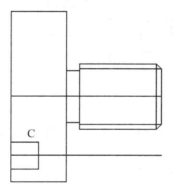

图 3-12 整理小孔形状

（12）启动【直线】命令，以图 3-12 中的 C 点为起点，绘制一条适当长度的直线，结果如图 3-13 所示。

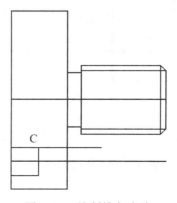

图 3-13 绘制锥角直线

（13）启动【旋转】命令，以 C 点为基点，将上一步绘制的直线旋转-60°，结果如图 3-14 所示。

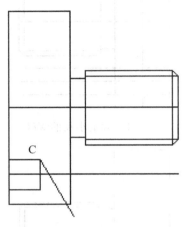

图 3-14　旋转锥角直线

（14）启动【修剪】命令整理图形，结果如图 3-15 所示。

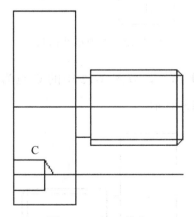

图 3-15　整理锥角

（15）启动【镜像】命令，将锥角直线镜像到前端，结果如图 3-16 所示。

（16）启动【样条曲线】命令，绘制小孔局部剖视图的波浪线，结果如图 3-17 所示。

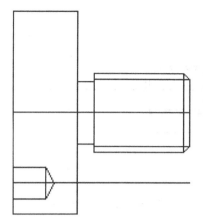

图 3-16 镜像锥角直线

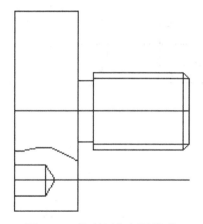

图 3-17 绘制局部剖波浪线

2. 绘制左视图

操作步骤如下：

（1）启动【直线】命令，将主视图的水平中心线向左视图投影，再画出左视图的竖直中心线，结果如图 3-18 所示。

（2）启动【圆】命令，以上一步绘制的两条直线的交点为圆心，绘制直径 $\phi 26$ 的圆，如图 3-19 所示。

（3）启动【偏移】命令，将左视图水平中心线向上、向下偏移 "9" 的距离，结果如图 3-20 所示。

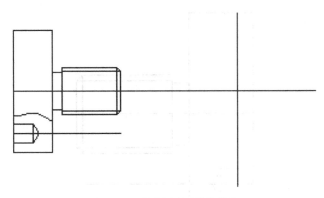

图 3-18 绘制左视图基准线

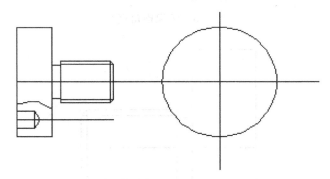

图 3-19 绘制大圆

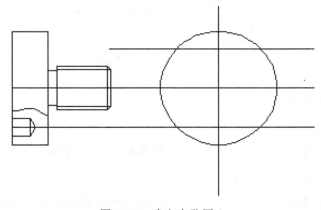

图 3-20 确定小孔圆心

（4）启动【圆】命令，以上一步绘制的直线与竖直中心线的交点为圆心，绘制两个直径为 $\phi 4$ 的圆，结果如图 3-21 所示。

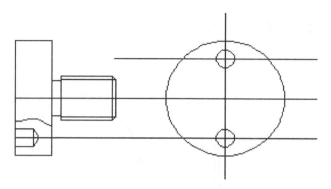

图 3-21　绘制小圆

（5）利用"夹点编辑"的方法整理各中心线的长度并进行图层转换，结果如图 3-22 所示。

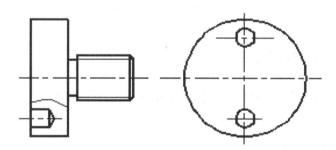

图 3-22　整理线条

（6）启动【图案填充】命令，对主视图进行图案填充，结果如图 3-23 所示。

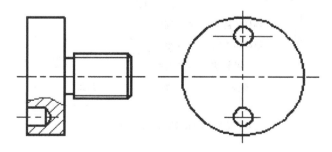

图 3-23　填充主视图

（7）启动【缩放】命令，将螺钉放大 2 倍，结果如图 3-24 所示，结束螺钉的绘制。

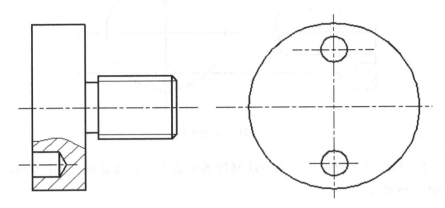

图 3-24 放大螺钉视图

3.2.3 标注机用虎钳螺钉

绘制完成机用虎钳螺钉后，用户即可进行尺寸的标注。

操作步骤如下：

（1）将图层转换到"尺寸线"图层。

（2）设置尺寸标注样式。

（3）新建标注样式，将新样式名改为"放大 2 倍"，如图 3-25 所示。

图 3-25 创建新标注样式对话框

（4）单击【继续】按钮，弹出【新建标注样式】对话框，将【主单位】选项卡中的【比例因子】设置为"0.5"，结果如图 3-26 所示。

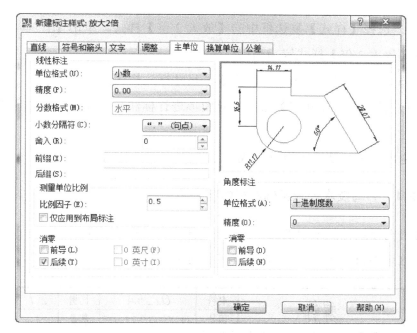

图 3-26 【主单位】选项卡设置对话框

（5）单击【确定】按钮，返回到【标注样式管理器】对话框，如图 3-27
所示。

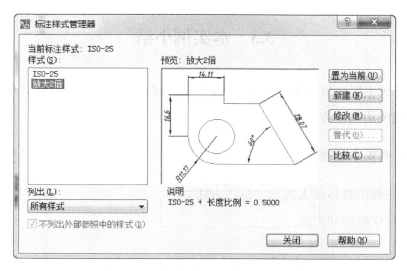

图 3-27 【标注样式管理器】对话框

（6）选择【样式】复选框中的【放大 2 倍】样式，单击【置为当前】按钮，将【放大 2 倍】样式置为当前。

（7）单击【关闭】按钮，即完成了尺寸标注样式的设置。

（8）启动【线性标注】命令，对图形进行标注，尺寸即与实体原型尺寸相同。

其他尺寸标注请读者自行完成。

3.2.4　书写技术要求及标题栏内容

机用虎钳螺钉图纸中的文字主要包括标题栏，这些文字的书写与前面章节相同，这里不再叙述。图 3-28 为填写后的标题栏。

螺钉			材料	Q235A	比例	2:1
			图号	JYTHQ001-03	数量	1
制图			AutoCAD实例探究与解析			
校核						

图 3-28　填写的标题栏

3.3　本实例小结

本实例主要讲解了机用虎钳螺钉的设计探究；螺钉的 CAD 设计解析；整体放大视图的标注方法。

本实例重点与难点

1．三视图整体放大的尺寸标注方法。

2．螺纹的绘制方法。

实例 4   绘制机用虎钳活动钳身

本实例重点介绍机用虎钳活动钳身的设计。活动钳身安装在固定钳座上，以 82H8/f7 间隙配合连接，通过螺钉（自制）与螺母块以 ϕ20H8/f7 间隙配合连接，通过螺钉 M8 与钳口板连接；当转动螺杆时，通过螺纹带动螺母块左右移动，从而带动活动钳身在固定钳座左右移动，达到开、闭钳口夹持工件的目的。

本实例主要内容有：

● 活动钳身的设计探究。

● 活动钳身 CAD 设计解析。

● 本实例小结。

4.1   活动钳身的设计探究

为了保证活动钳身在固定钳座上移动平稳，在活动钳身的内底面左右两端各伸出一个凸台，凸台内部之间尺寸为 82，高度为 8，中间是 ϕ20 的沉孔，用于连接螺母块和螺钉（自制）。为了与钳口板连接，在右上角开有高 20，长 7 的槽，并开有中心距为 40 的两个 M8 的螺纹孔。

4.2   活动钳身 CAD 设计解析

在绘制活动钳身之前，用户首先应该对其进行系统的分析。如图 4-1 所示为机用虎钳活动钳身零件图，根据国家标准，确定绘图的比例为 1:1，图幅为 A4 竖向；零件各部分的线型包括粗实线、中心线、剖面线、虚线和尺寸线；尺寸包括尺寸公差、形位公差、表面粗糙度等，另外此图形由 2 个视图组成，其中主视图采用全剖，俯视图采用局部剖的方式表达。下面介绍机用虎钳活动钳身的绘制方法和步骤。

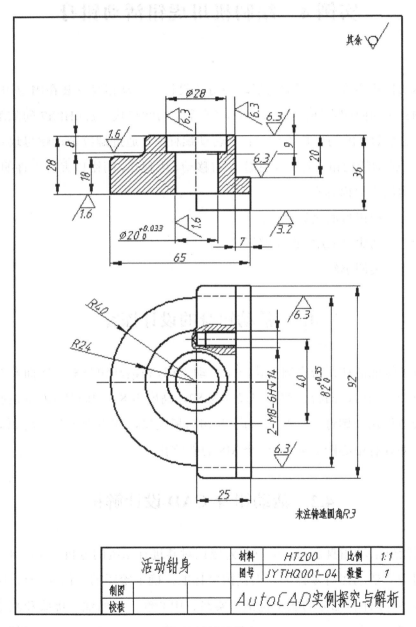

图 4-1　活动钳身

4.2.1 设置绘图环境（此部分设置内容请参见实例 1）

4.2.2 绘制活动钳身

1. 绘制主视图

操作步骤如下：

（1）启动【直线】命令，绘制长 65 的水平中心线和高 28 的右端面线，结果如图 4-2 所示。

图 4-2 绘制绘图基准线

（2）启动【偏移】命令，将右端面线向左偏移"7""25""49"和"65"的距离，将水平中心线向上偏移"8""18"和"28"的距离，结果如图 4-3 所示。

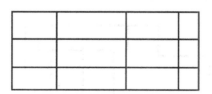

图 4-3 确定各竖直轮廓线位置

（3）启动【修剪】命令整理图形，结果如图 4-4 所示。

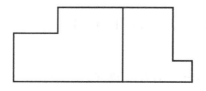

图 4-4 修整轮廓

（4）启动【偏移】命令，将竖直中心线向左、向右分别偏移"10"和"14"的距离，结果如图 4-5 所示。

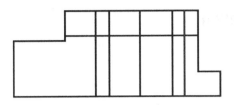

图 4-5　确定沉孔的位置

（5）启动【修剪】命令整理图形，结果如图 4-6 所示。

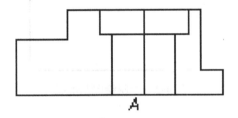

图 4-6　修整沉孔轮廓

（6）启动【直线】命令，以图 4-6 中 A 点为起点，向下绘制长 8、向右长 25、向上长 8 的直线，结果如图 4-7 所示。

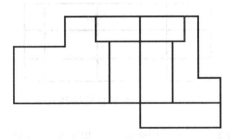

图 4-7　绘制下端凸台

（7）启动【圆角】命令，对左上角 3 处转角倒半径为"R3"的圆角，结果如图 4-8 所示。

（8）利用"夹点编辑"的方法整理各中心线的长度并进行图层转换，结果如图 4-9 所示。

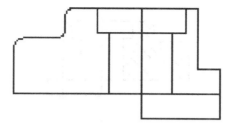

图 4-8　锐边圆角

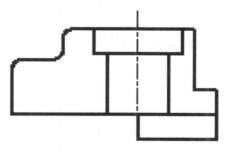

图 4-9　整理线条

（9）启动【图案填充】命令，对主视图进行图案填充，结果如图 4-10 所示，结束主视图绘制。

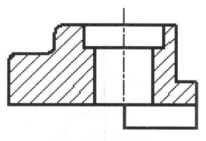

图 4-10　填充视图

2．绘制俯视图

操作步骤如下：

（1）启动【直线】命令，将主视图的右端面、沉孔中心线等向俯视图投影，再画出俯视图的水平中心线，如图 4-11 所示。

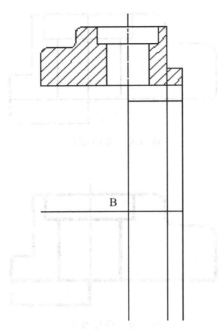

图 4-11　确定俯视图轮廓

（2）启动【圆】命令，以图 4-11 中点 B 为圆心，绘制直径为 "$\phi20$" 和 "$\phi28$" 半径为 "R24" 和 "R40" 的 4 个圆，结果如图 4-12 所示。

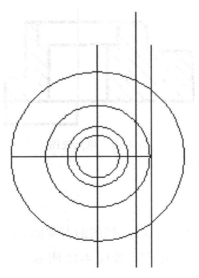

图 4-12　绘制沉孔和外轮廓圆

（3）启动【修剪】命令整理图形，结果如图 4-13 所示。

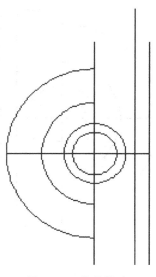

图 4-13　修整轮廓

（4）启动【偏移】命令，将水平中心线向前、向后偏移"46"的距离，结果如图 4-14 所示。

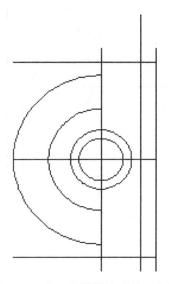

图 4-14　确定俯视图前后轮廓位置

（5）启动【修剪】命令整理图形，结果如图 4-15 所示。

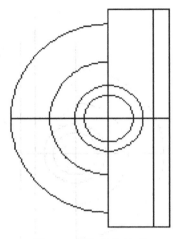

图 4-15　整理外轮廓

（6）启动【圆角】命令，将 4 处转角倒半径为 "R3" 的圆角，结果如图 4-16 所示。

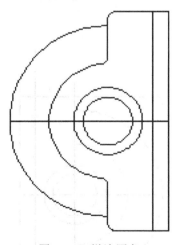

图 4-16　锐边圆角

（7）启动【偏移】命令，将水平中心线向前、向后偏移 "41" 的距离，结果如图 4-17 所示。

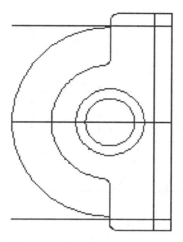

图 4-17　确定俯视图凸台位置

（8）启动【修剪】命令整理图形，结果如图 4-18 所示。

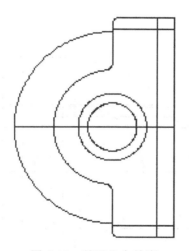

图 4-18　整理凸台轮廓

（9）启动【偏移】命令，将水平中心线向前、向后偏移"20"的距离，结果如图 4-19 所示。

（10）重复启动【偏移】命令，将图 4-19 中直线 EF 向前、向后分别偏移"3.4"和"4"的距离，将直线 CD 向左分别偏移"14"和"18"的距离，结果如图 4-20 所示。

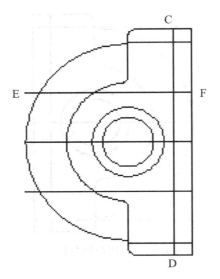

图 4-19　确定螺纹孔中心线位置

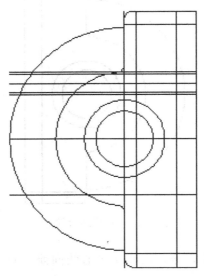

图 4-20　确定螺纹及螺纹孔深度

（11）启动【修剪】命令整理图形，结果如图 4-21 所示。

（12）启动【直线】命令，以图 4-21 中 H 点为起点，绘制一条水平线，结果如图 4-22 所示。

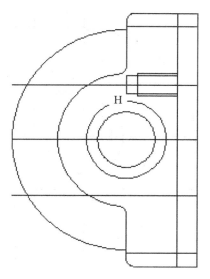

图 4-21　整理螺纹及螺纹孔形状

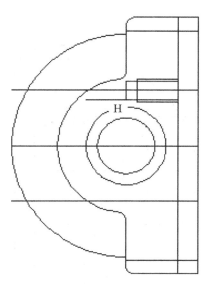

图 4-22　绘制螺纹孔锥角直线

（13）启动【旋转】命令，以图 4-22 中 H 点为基点，将上一步绘制的水平线旋转"-60°"，结果如图 4-23 所示。

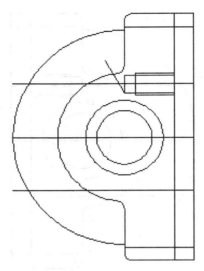

图 4-23　旋转螺纹孔锥角直线

（14）启动【修剪】命令，整理锥角形状，并将整理好的直线镜像到后部，结果如图 4-24 所示。

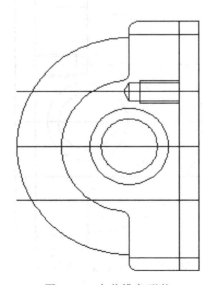

图 4-24　完善锥角形状

（15）启动【样条曲线】命令，在适当位置绘制一条波浪线，结果如图 4-25 所示。

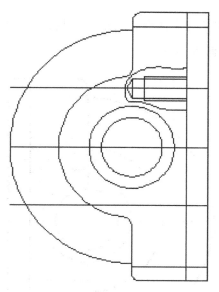

图 4-25　绘制局部剖波浪线

（16）利用"夹点编辑"的方法整理各中心线的长度并进行图层转换，结果如图 4-26 所示。

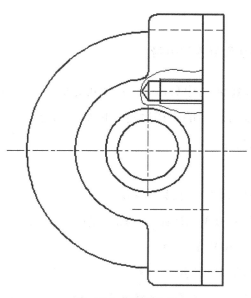

图 4-26　整理线条

（17）启动【图案填充】命令，对螺纹孔局部剖视图进行图案填充，结果如图 4-27 所示，完成俯视图的绘制。

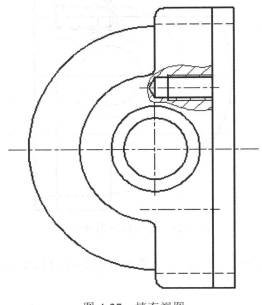

图 4-27　填充视图

4.2.3　标注机用虎钳活动钳身

绘制完成机用虎钳活动钳身后，用户即可进行尺寸的标注。本实例主要介绍螺纹的标注方法及带属性的粗糙度符号的标注方法。

1. 标注螺纹孔尺寸

操作步骤如下：

（1）将图层转换到"尺寸线"图层。

（2）启动【线性尺寸】标注命令，标注线性尺寸"8"，结果如图 4-28 所示。

（3）启动【文字编辑】命令。

（4）选择要编辑的线性尺寸"8"。

（5）弹出图 4-29 所示的【文字格式】对话框，在尺寸"8"前输入"2-M"，在尺寸"8"后输入"-6H 14"，结果如图 4-29 所示。

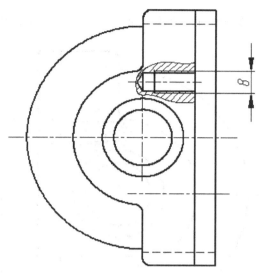

图 4-28　标注线性尺寸"8"

图 4-29　尺寸编辑内容

（6）将光标移动到"6H"与"14"之间，将字体改为"gdt"字高改为"2.5"，键入字母"x"，即可完成深度符号的书写，结果如图 4-30 所示。

图 4-30　书写深度符号

（7）单击【确定】按钮退出编辑界面，完成尺寸编辑，结果如图 4-31 所示。

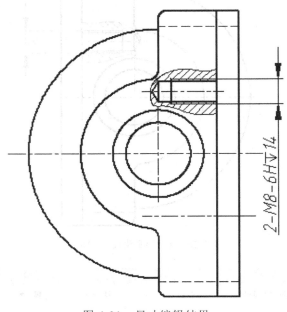

图 4-31　尺寸编辑结果

2. 标注带属性的粗糙度符号

以标注 Ra 值为"1.6"的主视图底端粗糙度代号为例说明在该图中标注带属性的粗糙度符号的方法。

操作步骤如下：

（1）利用【直线】命令绘制如图 4-32（a）所示的粗糙度符号。

（2）启动【属性定义】命令，弹出【属性定义】对话框。

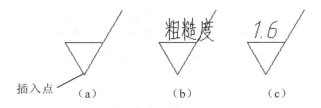

图 4-32　带属性的粗糙度代号

（3）在【属性定义】对话框进行相应的设置，如图 4-33 所示。

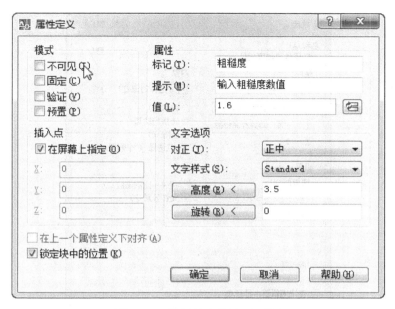

图 4-33 【属性定义】对话框

- 【属性】选项组。在【标记】编辑框中键入"粗糙度";在【提示】编辑框中键入"输入粗糙度数值";在【值】编辑框中键入"1.6"。
- 【插入点】选项组。选中【在屏幕上指定】复选项框。
- 【文字选项】选项组。在【对正】复选框中选"正中"。
- 其他选项按默认设置即可。

（4）单击【确定】按钮，"粗糙度"随光标动态显示，光标移到粗糙度符号上方适当位置单击，结果如图 4-32（b）所示的图形。

（5）启动【创建块】命令，弹出【块定义】对话框，并对【块定义】对话框进行设置，如图 4-34 所示。

- 在【名称】一栏中键入"带属性粗糙度代号"。
- 单击【拾取点】按钮。打开捕捉，光标移至如图 4-32（a）所示的"插入点"处单击，返回【块定义】对话框。
- 单击【选择对象】按扭。选中如图 4-32（b）所示的所有图形。

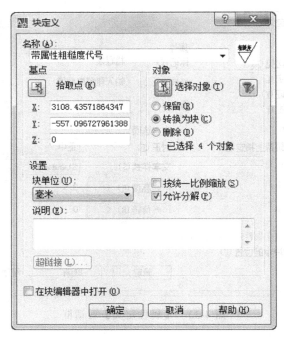

图 4-34 【块定义】对话框

（6）单击【块定义】对话框中的【确定】按钮，弹出【编辑属性】对话框，如图 4-35 所示。

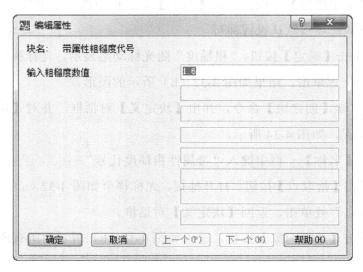

图 4-35 【编辑属性】对话框

（7）单击【确定】按钮，结果如图 4-32（c）所示。

（8）启动【写块】命令（快捷键为"W"），弹出【写块】对话框，如图 4-36 所示。

图 4-36　【写块】对话框

（9）在【源】选项组中选择【块】单选项。

（10）单击【块】单选项右边的下拉列表或下三角符号，选中被定义的块名"带属性粗糙度代号"。

（11）单击【文件名和路径】输入框右边的【浏览】按钮在弹出的【浏览图形文件】对话框中，选择相应的磁盘及文件夹，单击【保存】按钮，返回【写块】对话框。

（12）单击【确定】按钮，即将块以"带属性粗糙度代号"的名称保存在指定盘中。

（13）启动【插入块】命令，弹出【插入块】对话框。

（14）在【角度】文本框中输入"180"，如图 4-37 所示。

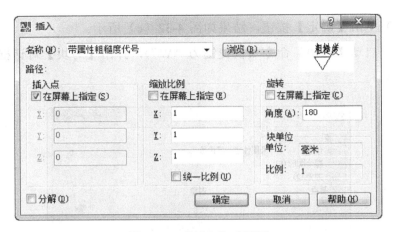

图 4-37 【插入】对话框

（15）单击【确定】按钮，屏幕上动态显示粗糙度代号。

（16）移动光标并在适当位置单击。

（17）在【命令行】中键入"1.6"，按【Enter】键，即完成带属性块的插入，结果如图 4-38 所示。

（18）双击图 4-38 插入的块，弹出如图 4-39 所示的【增强属性编辑器】对话框，勾选【文字选项】中的【反向】和【颠倒】复选框，单击【确定】按钮，完成块的编辑，结果如图 4-40 所示。

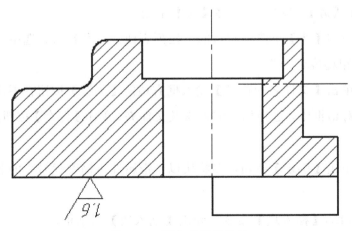

图 4-38 插入带属性的块

图 4-39 【增强属性编辑器】对话框

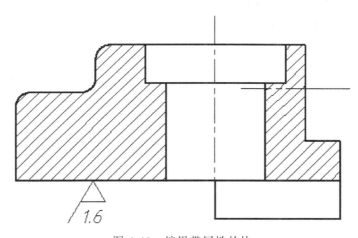

图 4-40 编辑带属性的块

4.2.4 书写技术要求及标题栏内容

机用虎钳活动钳身图纸中的文字主要包括技术要求和标题栏,这些文字的书写与前面章节相同,这里不再叙述。图 4-41 为填写后的标题栏。

活动钳身	材料	HT200	比例	1:1
	图号	JYTHQ001-04	数量	1
制图		AutoCAD实例探究与解析		
校核				

图 4-41 填写的标题栏

4.3　本实例小结

本实例主要讲解了活动钳身的设计探究；活动钳身 CAD 设计解析；螺纹沉孔的绘制和标注方法。

本实例重点与难点

1．带属性块的操作方法。
2．沉孔符号和深度符号的标注方法。

实例 5　绘制机用虎钳环

本实例重点介绍机用虎钳环的设计。环与螺杆之间通过圆锥销连接，限制螺杆进行轴向移动。

本实例主要内容有：

- 环的设计探究。
- 环的 CAD 设计解析。
- 本实例小结。

5.1　环的设计探究

环属于轴套类零件，轴向有直径为 $\phi12$ 的通孔，与螺杆连接；径向有直径为 $\phi4$ 的通孔，通过圆柱销与螺杆固定在一起。

5.2　环的 CAD 设计解析

在绘制环之前，用户首先应该对其进行系统的分析。如图 5-1 所示为机用虎钳环的零件图，根据国家标准，确定绘图的比例为 4:1，图幅为 A4 竖向；零件各部分的线型包括粗实线、中心线、剖面线、虚线和尺寸线；尺寸包括尺寸公差、表面粗糙度等，另外此图形比较简单，1 个剖视图即可表达零件的结构特征。下面介绍机用虎钳环的绘制方法和步骤。

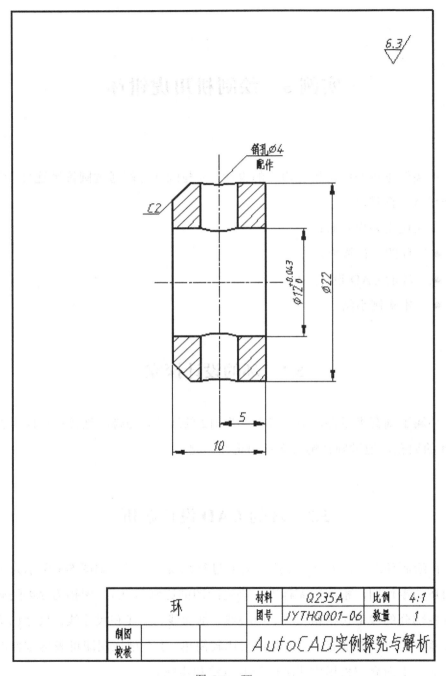

图 5-1 环

5.2.1 设置绘图环境（此部分设置内容请参见实例1）

5.2.2 绘制环

操作步骤如下：

（1）启动【直线】命令，绘制长 10 的水平中心线和高 22 的右端面线，如图 5-2 所示。

图 5-2 绘制绘图基准线

（2）启动【移动】命令，将右端面线向下移动"11"的距离，结果如图 5-3 所示。

图 5-3 移动右端面线

（3）启动【偏移】命令，将右端面线向左偏移"5"和"10"的距离，将水平中心线向上、向下分别偏移"6"和"11"的距离，结果如图 5-4 所示。

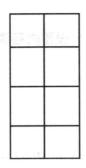

图 5-4　确定各竖直轮廓线位置

（4）启动【偏移】命令，将竖直中心线向左、向右偏移"2"的距离，结果如图 5-5 所示。

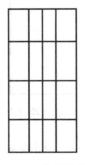

图 5-5　确定销孔轮廓

（5）启动【修剪】命令整理图形，结果如图 5-6 所示。

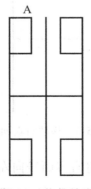

图 5-6　修整轮廓

（6）启动【圆】命令，以图 5-6 中点 A 为圆心，绘制直径为"$\phi22$"的圆，结果如图 5-7 所示。

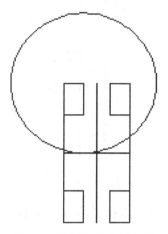

图 5-7　绘制相贯线辅助圆

（7）启动【延伸】命令，将竖直中心线延伸至上一步绘制的圆，交圆于点 B，结果如图 5-8 所示。

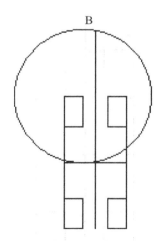

图 5-8　确定相贯线圆的圆心

（8）启动【圆】命令，以图 5-8 中点 B 为圆心，绘制直径为"$\phi22$"的圆，结果如图 5-9 所示。

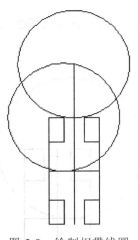

图 5-9　绘制相贯线圆

（9）启动【删除】命令，将相贯线辅助圆删除；启动【修剪】命令整理图形，结果如图 5-10 所示。

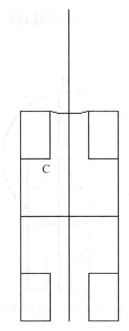

图 5-10　修整相贯线轮廓

（10）启动【圆】命令，以图 5-10 中的点 C 为圆心，绘制直径为"$\phi12$"

的圆，交竖直中心线于点 D，结果如图 5-11 所示。

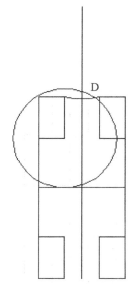

图 5-11　绘制相贯线辅助圆

（11）启动【圆】命令，以图 5-11 中点 D 为圆心，绘制直径为 "$\phi12$" 的圆，结果如图 5-12 所示。

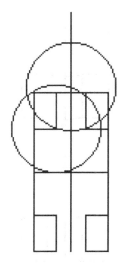

图 5-12　绘制相贯线圆

（12）启动【删除】命令，将相贯线辅助圆删除；启动【修剪】命令整理图形，结果如图 5-13 所示。

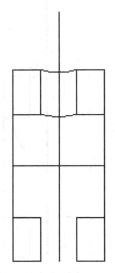

图 5-13　修整相贯线轮廓

（13）启动【镜像】命令，将上部两条相贯线镜像到下部，结果如图 5-14 所示。

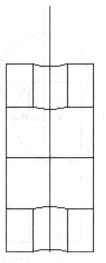

图 5-14　镜像相贯线

（14）启动【倒角】命令，将左侧上、下转角倒距离为"2"的角，结果如图 5-15 所示。

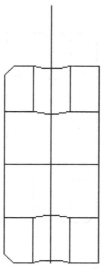

图 5-15　锐边倒角

（15）启动【缩放】命令，将绘制完成的图形放大 4 倍，结果如图 5-16 所示。

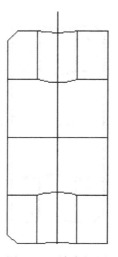

图 5-16　放大视图

（16）利用"夹点编辑"的方法整理各中心线的长度并进行图层转换，结果如图 5-17 所示。

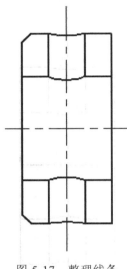

图 5-17　整理线条

（17）启动【图案填充】命令，对主视图进行图案填充，结果如图 5-18 所示，完成环的绘制。

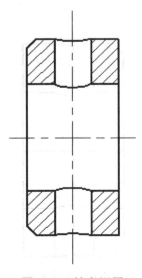

图 5-18　填充视图

5.2.3 标注机用虎钳环

绘制完成机用虎钳环后，用户即可进行尺寸的标注。环的标注和前面章节相同，这里不再叙述。

5.2.4 书写技术要求及标题栏内容

环图纸中的文字主要是标题栏中的内容，这些文字的书写与前面章节相同，这里不再叙述。图 5-19 为填写后的标题栏。

		材料	Q235A	比例	4:1
	环	图号	JYTHQ001-06	数量	1
制图					
校核		AutoCAD实例探究与解析			

图 5-19 填写的标题栏

5.3 本实例小结

本实例主要讲解了环的设计探究；环 CAD 设计解析。

本实例重点与难点

1. 图形缩放后的尺寸标注方法。
2. 圆柱与圆柱相贯的相贯线绘制方法。

实例 6　绘制机用虎钳螺杆

本实例重点介绍机用虎钳螺杆的设计。螺杆安装在固定钳座上，并与螺母块通过螺纹连接，螺杆轴向被垫圈 1、垫圈 2、环以及圆柱销固定在固定钳座上，所以只能转动，将运动传递给螺母块，螺母带着螺钉（自制螺钉）、活动钳身、钳口板作左右移动起夹紧或松开工件的作用。

本实例主要内容有：

● 螺杆的设计探究。

● 螺杆的 CAD 设计解析。

● 本实例小结。

6.1　螺杆的设计探究

螺杆为轴类零件，轴的一端为 14×14 四方头，方便扳手转动螺杆；另一端有圆柱销孔，用于连接环，中间有螺纹与螺母块连接，螺纹末端有退刀槽 4×φ12，便于螺纹的加工。为了传递运动和动力方便，其螺纹为梯形螺纹。

6.2　螺杆的 CAD 设计解析

在绘制螺杆之前，用户首先应该对其进行系统的分析。如图 6-1 所示为机用虎钳螺杆的零件图，根据国家标准，确定绘图的比例为 1:1，图幅为 A4 横向；零件各部分的线型包括粗实线、中心线、剖面线、虚线和尺寸线；尺寸包括尺寸公差、表面粗糙度等，另外此图形由 2 个视图组成，其中主视图采用局部剖，表达圆柱销孔的形状，断面图表达右侧四方头形状。下面介绍机用虎钳螺杆的绘制方法和步骤。

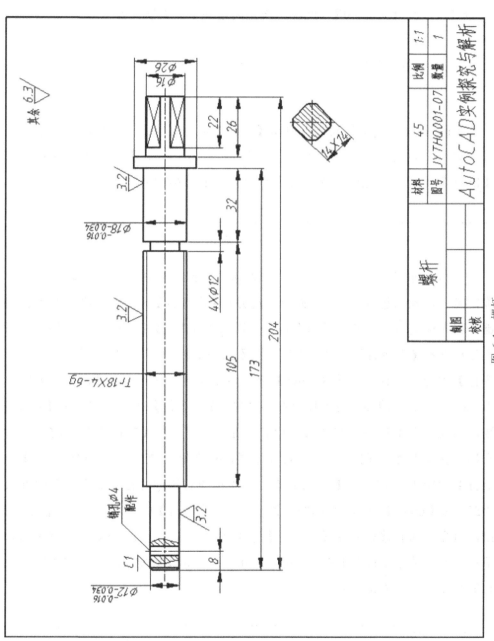

图 6-1 螺杆

6.2.1 设置绘图环境（此部分设置内容请参见实例 1）

6.2.2 绘制螺杆

操作步骤如下：

（1）打开"正交"模式，启动【直线】命令，在屏幕上任意一点单击，确定对称中心线的起点，将光标向右移动并在【命令行】中键入"204"，按【Enter】键两次，完成对称中心线的绘制，如图 6-2 所示。

图 6-2　绘制对称中心线

（2）重新启动【直线】命令，将光标移动到对称中心线左侧端点，单击，确定第一段轴的起点，将光标向上移动并在【命令行】中输入"6"，按【Enter】键，将光标向右移动并在【命令行】中键入"36"，按【Enter】键，将光标向上移动并在【命令行】中键入"3"，按【Enter】键，将光标向右移动并在【命令行】中键入"101"，按【Enter】键，将光标向下移动并在【命令行】中键入"3"，按【Enter】键，将光标向右移动并在【命令行】中键入"4"，按【Enter】键，将光标向上移动并在【命令行】中键入"3"，按【Enter】键，将光标向右移动并在【命令行】中键入"32"，按【Enter】键，将光标向上移动并在【命令行】中键入"4"，按【Enter】键，将光标向右移动并在【命令行】中键入"5"，按【Enter】键，将光标向下移动并在【命令行】中键入"5"，按【Enter】键，将光标向右移动并在【命令行】中键入"26"，按【Enter】键，将光标向下移动并在【命令行】中键入"6"，右击，并单击【确定】选项，完成轴外轮廓的绘制，如图 6-3 所示。

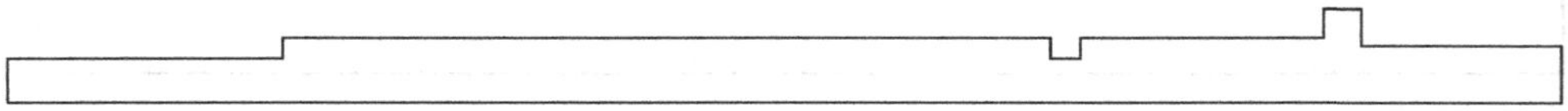

图 6-3　绘制轴的外轮廓线

（3）启动【延伸】命令，将轴的各端面线延伸到轴的对称中心线，如图 6-4 所示。

图 6-4　延伸轴的端面线

（4）启动【镜像】命令，镜像所有的轮廓线，结果如图 6-5 所示。

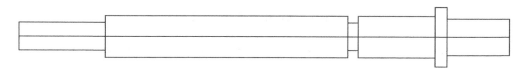

图 6-5　镜像轮廓线

（5）启动【偏移】命令，将左端面竖直线向右分别偏移"6""8"和"10"的距离，结果如图 6-6 所示。

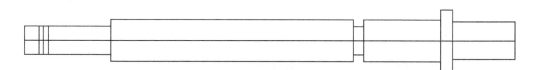

图 6-6　绘制圆柱销孔

（6）启动【修剪】命令，整理图形，结果如图 6-7 所示。

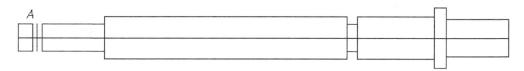

图 6-7　修整轮廓

（7）启动【圆】命令，以图 6-7 中的点 A 为圆心，绘制直径为"$\phi 12$"的圆，结果如图 6-8 所示。

（8）启动【延伸】命令，将圆柱销孔竖直中心线延伸至上一步绘制的圆，交圆于点 B，结果如图 6-9 所示。

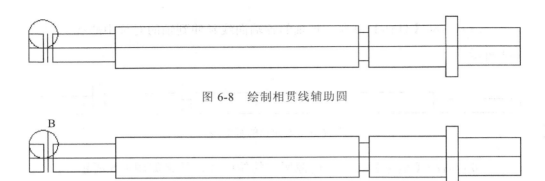

图 6-8　绘制相贯线辅助圆

图 6-9　确定相贯线圆的圆心

（9）启动【圆】命令，以图 6-9 中的点 B 为圆心，绘制直径为"$\phi12$"的圆，结果如图 6-10 所示。

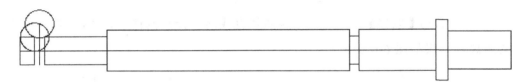

图 6-10　绘制相贯线圆

（10）启动【删除】命令，将相贯线辅助圆删除；启动【修剪】命令整理图形，结果如图 6-11 所示。

图 6-11　修整相贯线轮廓

（11）启动【镜像】命令，将上部相贯线镜像到下部，结果如图 6-12 所示。

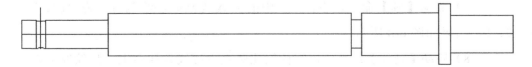

图 6-12　镜像相贯线

（12）启动【样条曲线】命令，在适当位置绘制两条波浪线，结果如图 6-13 所示。

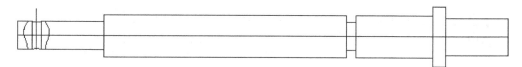

图 6-13　绘制局部剖波浪线

（13）启动【偏移】命令，将水平中心线向上、向下偏移"7.65"的距离，结果如图 6-14 所示。

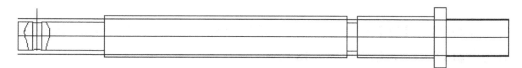

图 6-14　绘制梯形螺纹的小径

（14）启动【修剪】命令，整理图形，结果如图 6-15 所示。

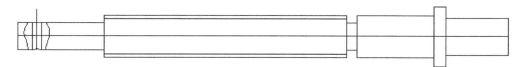

图 6-15　修整梯形螺纹小径轮廓

（15）启动【倒角】命令，将左侧转角倒距离为"1"的角，并绘制倒角线，结果如图 6-16 所示。

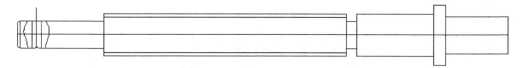

图 6-16　锐边倒角

2. 绘制断面图

操作步骤如下：

（1）启动【直线】命令，以最右侧一段轴的下边线的中点为起点，绘制一条适当长度的竖直线。重新启动【直线】命令，绘制一条适当长度的水平线，确定断面图的圆心，结果如图 6-17 所示。

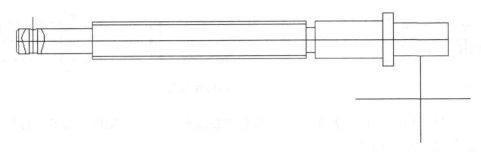

图 6-17　绘制断面图的中心线

（2）启动【圆】命令，以上一步绘制的两条直线的交点为圆心，绘制直径为"$\phi16$"的圆，结果如图 6-18 所示。

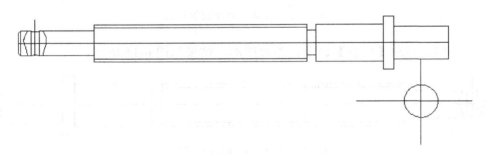

图 6-18　绘制断面图的圆

（3）启动【阵列】命令，断面图圆的圆心为阵列中心点，以端面图圆的两条中心线为阵列对象，阵列总数为 2，角度为 45°，结果如图 6-19 所示。

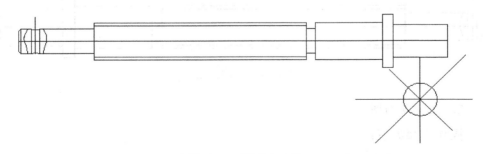

图 6-19　阵列中心线

（4）启动【偏移】命令，将上一步阵列得到的两条中心线分别向两侧偏移"7"的距离，结果如图 6-20 所示。

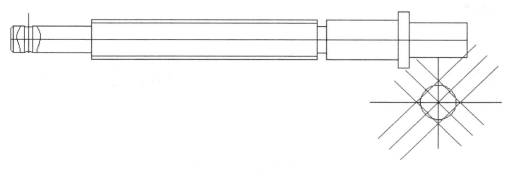

图 6-20　确定四方头轮廓

（5）启动【修剪】命令整理图形，结果如图 6-21 所示。

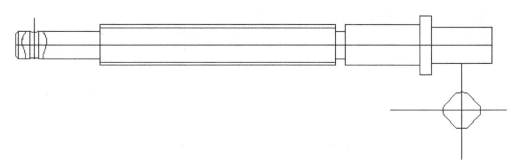

图 6-21　整理四方头轮廓

（6）启动【复制】命令，将四方头端面图复制到主视图，结果如图 6-22 所示。

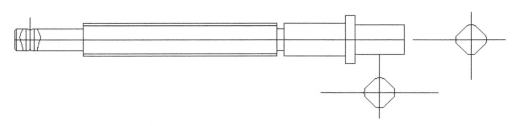

图 6-22　复制断面图

（7）启动【直线】命令，以复制到主视图的四方头直线与圆弧的交点为起点，向主视图进行投影，再将主视图右侧轮廓线向左偏移"22"的距离，结果如图 6-23 所示。

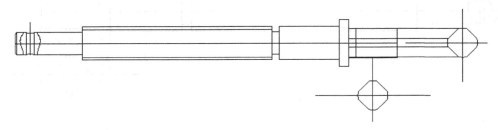

图 6-23　绘制四方头主视图投影

（8）启动【修剪】命令整理图形，结果如图 6-24 所示。

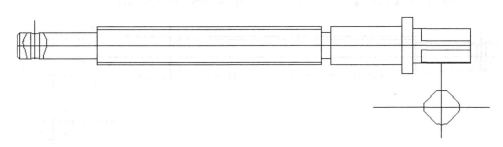

图 6-24　整理四方头主视图轮廓

（9）启动【直线】命令，绘制四方头主视图平面符号，结果如图 6-25 所示。

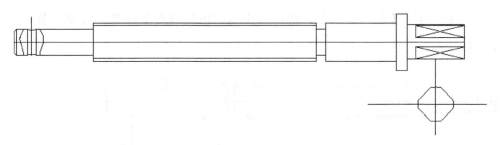

图 6-25　绘制平面符号斜线

（10）利用"夹点编辑"的方法整理各中心线的长度并进行图层转换，结果如图 6-26 所示。

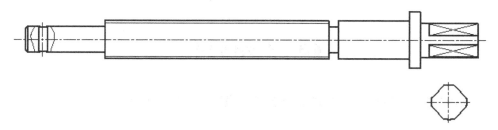

图 6-26　整理线条

（11）启动【图案填充】命令，对主视图和端面图进行图案填充，结果如图 6-27 所示，完成螺杆的绘制。

图 6-27　填充视图

6.2.3　标注机用虎钳螺杆

绘制完成机用虎钳螺杆后，用户即可进行尺寸的标注。螺杆的标注方法和前面章节相同，这里不再叙述。

6.2.4　书写技术要求及标题栏内容

螺杆图纸中的文字主要是标题栏中的内容，这些文字的书写与前面章节相同，这里不再叙述。图 6-28 为填写后的标题栏。

螺杆		材料	45	比例	1:1
		图号	JYTHQ001-07	数量	1
制图			AutoCAD实例探究与解析		
校核					

图 6-28　填写的标题栏

6.3　本实例小结

本实例主要讲解了螺杆的设计探究；螺杆 CAD 设计解析。

本实例重点与难点

1．平面符号的绘制方法。
2．断面图的绘制方法。

实例 7　绘制机用虎钳螺母块

本实例重点介绍机用虎钳螺母块的设计。螺母块通过梯形螺纹与螺杆连接，并与活动钳身通过螺钉连接，螺杆将轴向运动传递给螺母块，螺母块再带动活动钳身左右移动。

本实例主要内容有：

- 螺母块的设计探究。
- 螺母块的 CAD 设计解析。
- 本实例小结。

7.1　螺母块的设计探究

螺母块下部为长方体，中间有一个 Tr18 的螺纹孔，下部两侧有凸台，可使螺母沿固定钳座中间空腔作直线运动；上部为直径"$\phi20$"的圆柱体，中间有 M10 的螺纹孔，通过螺钉与活动钳身连接。

7.2　螺母块的 CAD 设计解析

在绘制螺母块之前，用户首先应该对其进行系统的分析。如图 7-1 所示为机用虎钳螺母块的零件图，根据国家标准，确定绘图的比例为 1:1，图幅为 A4 横向；零件各部分的线型包括粗实线、中心线、剖面线和尺寸线；尺寸包括尺寸公差、表面粗糙度等，另外此图形由 3 个视图组成，其中主视图采用全剖，表达梯形螺纹孔 Tr18 和普通螺纹 M10 的形状，左视图采用半剖视图，主要表达下部凸台形状。下面介绍机用虎钳螺母块的绘制方法和步骤。

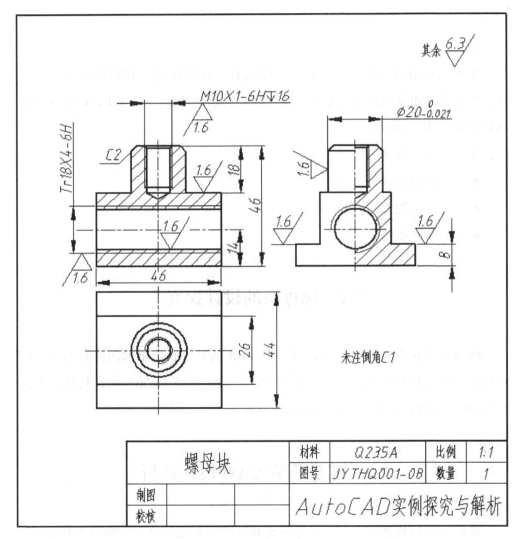

图 7-1　螺母块

7.2.1 设置绘图环境（此部分设置内容请参见实例 1）

7.2.2 绘制螺母块

1. 绘制主视图

操作步骤如下：

（1）打开"正交"模式，启动【直线】命令，绘制长 46 的水平底部端面线；重复启动【直线】命令，以水平底部端面线的中点为起点，绘制高 46 的竖直中心线，如图 7-2 所示。

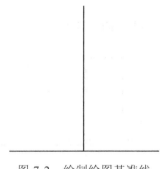

图 7-2 绘制绘图基准线

（2）启动【偏移】命令，将竖直中心线向左、向右分别偏移"10"和"23"的距离，将底面端面线向上偏移"14""28"和"46"的距离，结果如图 7-3 所示。

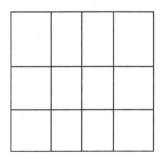

图 7-3 确定各轮廓线位置

（3）启动【修剪】命令整理图形，结果如图 7-4 所示。

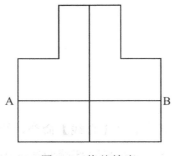

图 7-4 修整轮廓

（4）启动【偏移】命令，将图 7-4 中水平中心线 AB 向上、向下分别偏移 "7.65" 和 "14" 的距离，结果如图 7-5 所示。

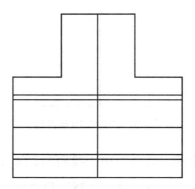

图 7-5 确定梯形螺纹孔的轮廓

（5）启动【偏移】命令，将竖直中心线向左、向右分别偏移 "4.25" 和 "5" 的距离，将顶端水平线向下偏移 "16" 和 "18" 的距离，结果如图 7-6 所示。

（6）启动【修剪】命令整理图形，结果如图 7-7 所示。

（7）启动【直线】命令，以图 7-7 中 C 点为起点，绘制一条竖直线，结果如图 7-8 所示。

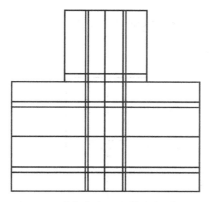

图 7-6　确定 M10 螺纹孔轮廓

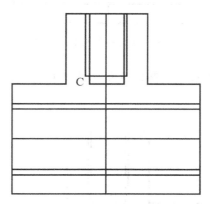

图 7-7　整理 M10 螺纹孔轮廓

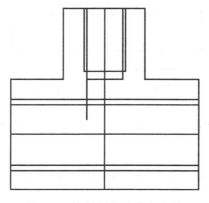

图 7-8　绘制螺纹孔锥角直线

（8）启动【旋转】命令，以图 7-7 中 C 点为基点，将上一步绘制的竖直线旋转"60°"，结果如图 7-9 所示。

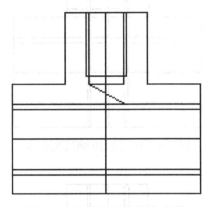

图 7-9　旋转螺纹孔锥角直线

（9）启动【修剪】命令，整理锥角形状，并将整理好的直线镜像到右侧，结果如图 7-10 所示。

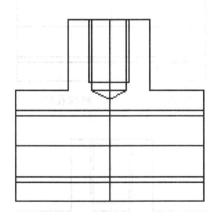

图 7-10　绘制螺纹孔锥角直线

（10）启动【倒角】命令，对左、右上角倒距离为"2"的角，结果如图 7-11 所示。

（11）重复启动【倒角】命令，对 M10 螺纹孔小径倒距离为"0.75"的角，结果如图 7-12 所示。

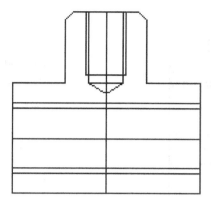

图 7-11　顶端锐边倒角

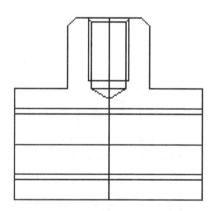

图 7-12　M10 螺纹孔小径倒角

2．绘制俯视图

操作步骤如下：

（1）启动【直线】命令，将主视图的左、右端面向俯视图投影，再画出俯视图的后端面线，如图 7-13 所示。

（2）启动【偏移】命令，将俯视图后端面线向前偏移"44"的距离，结果如图 7-14 所示。

（3）启动【直线】命令，绘制俯视图的水平和竖直中心线，结果如图 7-15所示。

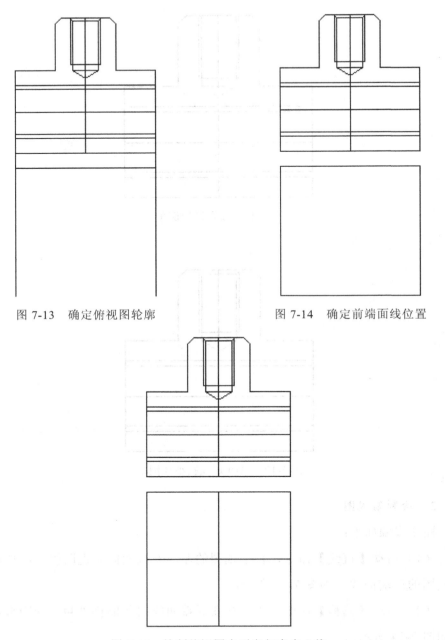

图 7-13　确定俯视图轮廓　　　　　　　图 7-14　确定前端面线位置

图 7-15　绘制俯视图水平和竖直中心线

（4）启动【偏移】命令，将俯视图水平中心线向前、向后偏移"13"的距离，结果如图 7-16 所示。

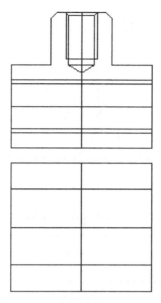

图 7-16　确定底面凸台位置

（5）启动【圆】命令，以水平中心线和竖直中心线的交点为圆心，绘制直径为"$\phi8.5$""$\phi10$""$\phi16$"和"$\phi20$"的 4 个圆，结果如图 7-17 所示。

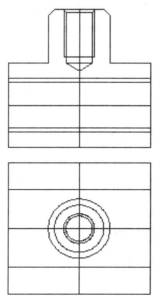

图 7-17　绘制俯视图投影圆

（6）启动【修剪】命令，将上一步绘制的直径为"$\phi 10$"的圆左下角修剪掉，结果如图 7-18 所示。

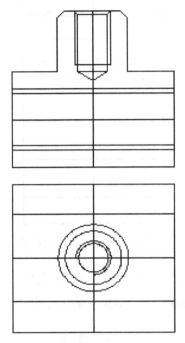

图 7-18　修剪 M10 螺纹大径

3. 绘制左视图

操作步骤如下：

（1）启动【复制】命令，将主视图复制到右侧，作为绘制左视图的基础，结果如图 7-19 所示。

（2）启动【修剪】命令，将左视图后部 M10 螺纹孔部分结构进行修剪，结果如图 7-20 所示。

（3）启动【直线】命令，绘制左视图后上部分倒角线和圆柱与长方体交线到竖直中心线，结果如图 7-21 所示。

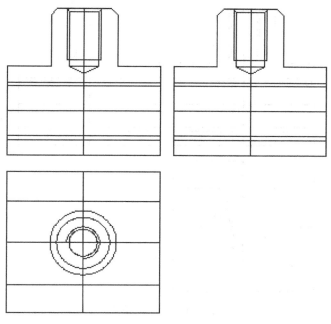

图 7-19　复制主视图

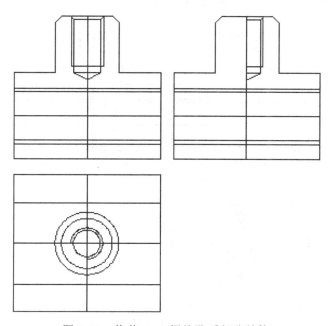

图 7-20　修剪 M10 螺纹孔后部分结构

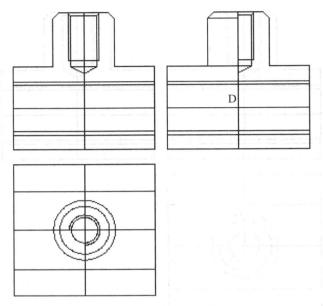

图 7-21 绘制倒角线

（4）启动【圆】命令，以图 7-21 中的点 D 为圆心，绘制直径为 "$\phi15.3$" 和 "$\phi18$" 的 2 个圆，结果如图 7-22 所示。

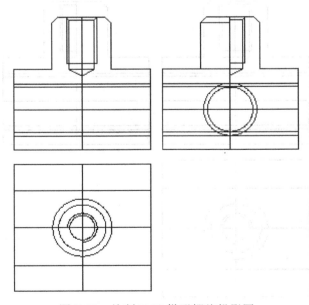

图 7-22 绘制 Tr18 梯形螺纹投影圆

（5）启动【修剪】命令，将左视图 Tr18 梯形螺纹孔后下部分结构进行修剪，启动【删除】命令，删除左视图梯形螺纹的水平线投影，结果如图 7-23 所示。

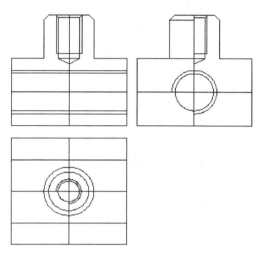

图 7-23　修整梯形螺纹孔轮廓

（6）启动【偏移】命令，将左视图竖直中心线向后、向前分别偏移"13"和"22"的距离，将水平中心线向下偏移"6"的距离，结果如图 7-24 所示。

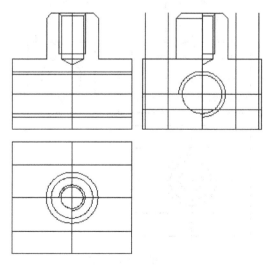

图 7-24　确定左视图凸台位置

（7）启动【修剪】命令整理图形，结果如图 7-25 所示。

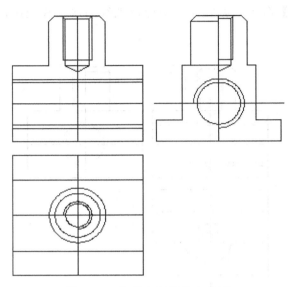

图 7-25　修整左视图凸台轮廓

（8）利用"夹点编辑"的方法整理各中心线的长度并进行图层转换，结果如图 7-26 所示。

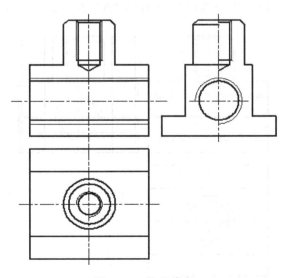

图 7-26　整理线条

（9）启动【图案填充】命令，对主视图进行图案填充，结果如图 7-27 所示，完成螺母块三视图的绘制。

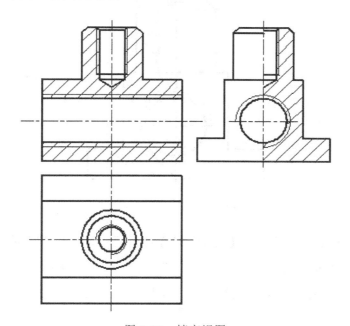

图 7-27　填充视图

7.2.3　标注机用虎钳螺母块

绘制完成机用虎钳螺母块后，用户即可进行尺寸的标注。本实例主要介绍尺寸"$\varnothing 20_{-0.021}^{0}$"的标注方法，其他尺寸的标注方法和前面章节相同，这里不再叙述。

操作步骤如下：

（1）将图层转换到"尺寸线"图层。

（2）启动【线性尺寸】标注命令，标注线性尺寸"20"，结果如图 7-28 所示。

（3）启动【文字编辑】命令。

（4）选择要编辑的线性尺寸"20"。

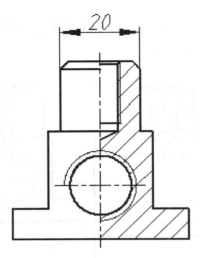

图 7-28　标注线性尺寸"20"

（5）弹出图 7-29 所示的【文字格式】对话框，在尺寸"20"前输入"%%c"即φ，在尺寸"20"后输入"　0^-0.021"（由于上偏差为 0，为保证上下偏差的 0 相互对齐，在上偏差 0 前输入 2 个空格），结果如图 7-29 所示。

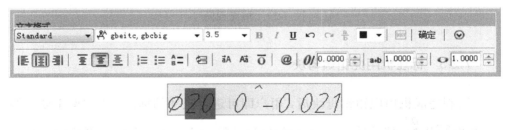

图 7-29　尺寸编辑内容

（6）选择"　0^-0.021"，如图 7-30 所示。

图 7-30　选择尺寸公差

（7）单击【堆叠】按钮 ，结果如图 7-31 所示。

图 7-31 堆叠效果

（8）单击【确定】按钮退出编辑界面，完成尺寸编辑，结果如图 7-32 所示。

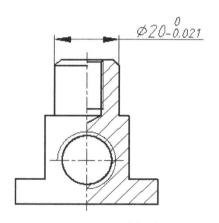

图 7-32 尺寸编辑结果

7.2.4 书写技术要求及标题栏内容

螺母块图纸中的文字主要是标题栏中的内容，这些文字的书写方法与前面章节相同，这里不再叙述。图 7-33 为填写后的标题栏。

螺母块		材料	Q235A	比例	1:1
		图号	JYTHQ001-08	数量	1
制图			AutoCAD实例探究与解析		
校核					

图 7-33 填写的标题栏

7.3　本实例小结

本实例主要讲解了螺母块的设计探究；螺母块 CAD 设计解析。

本实例重点与难点

1. 上偏差是"0"的尺寸公差标注方法。
2. 螺纹孔投影圆大径的绘制方法。

实例 8　绘制机用虎钳标准件

本实例重点介绍机用虎钳标准件的设计。机用虎钳中标准件包括螺钉 M8 和圆柱销 A4 两种，4 个螺钉用来固定机用虎钳钳口板；圆柱销用来连接螺杆和环。

本实例主要内容有：

- 机用虎钳标准件的设计探究。
- 机用虎钳标准件 CAD 设计解析。
- 本实例小结。

8.1　机用虎钳标准件的设计探究

螺钉 M8 为沉头螺钉，头部为 90°的沉头，沉头上开有宽度为 2、深度为 1.8 的槽，螺纹为全螺纹。

圆柱销的直径为 $\phi4$，圆柱销的两端倒有 0.6×15°的倒角，便于安装到销孔中。

8.2　活动钳身 CAD 设计解析

如图 8-1 所示为机用虎钳标准件零件图；零件各部分的线型包括粗实线、中心线和尺寸线；尺寸都是常用的线性尺寸、角度尺寸、直径尺寸等，另外两个标准件都是由一个视图组成，绘制比较简单。下面介绍机用虎钳标准件的绘制方法和步骤。

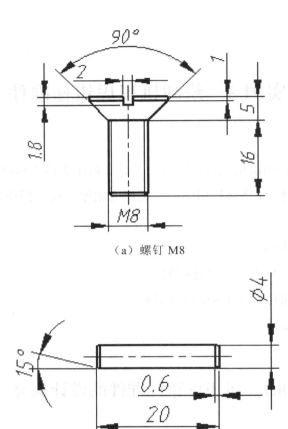

（a）螺钉 M8

（b）圆柱销 A4

图 8-1　机用虎钳标准件

8.2.1　设置绘图环境（此部分设置内容请参见实例 1）

8.2.2　绘制螺钉 M8

操作步骤如下：

（1）启动【直线】命令，绘制长 8 的下端面水平线；重新启动【直线】命令，以下端面水平线的中点为起点，绘制高 21 的竖直中心线，结果如图 8-2 所示。

图 8-2　绘制绘图基准线

（2）启动【偏移】命令，将下端面线向上分别偏移 "16" "20" 和 "21"
的距离，结果如图 8-3 所示。

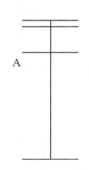

图 8-3　确定各水平轮廓线位置

（3）启动【直线】命令，以图 8-3 中的点 A 为起点，绘制一条竖直线，
结果如图 8-4 所示。

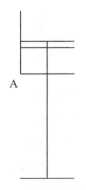

图 8-4　绘制沉头直线

（4）启动【旋转】命令，A 点为基点，将上一步绘制的竖直线旋转"45°"，结果如图 8-5 所示。

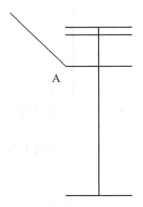

A

图 8-5　旋转沉头直线

（5）启动【镜像】命令，将左侧的沉头斜线镜像到右侧，结果如图 8-6 所示。

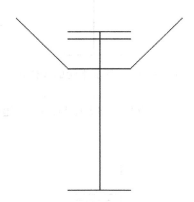

图 8-6　镜像沉头斜线

（6）启动【圆角】命令，设置圆角半径为"0"，将沉头斜线与上端面第二条水平线进行圆角，结果如图 8-7 所示。

（7）启动【直线】命令，以图 8-7 中的点 B 为起点，绘制一条长度为 1 的竖直线，重复启动【直线】命令，以图 8-7 中的点 C 为起点，绘制一条长度为 1 的竖直线，结果如图 8-8 所示。

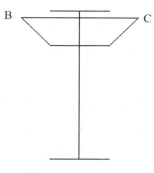

图 8-7　闭合沉头线

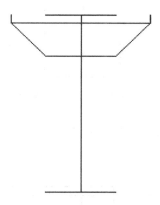

图 8-8　绘制沉头边线

（8）利用"夹点编辑"的方法整理上端面线的长度，结果如图 8-9 所示。

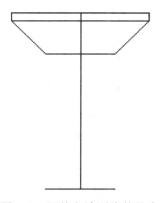

图 8-9　调整上端面线的长度

（9）启动【直线】命令，将下端面线的左端点与沉头斜线左下端点连接，重复启动【直线】命令，将下端面线的右端点与沉头斜线右下端点连接，结果如图 8-10 所示。

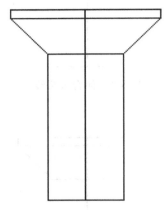

图 8-10　绘制螺纹大径

（10）启动【偏移】命令，将竖直中心线向左、向右偏移"3.4"的距离，结果如图 8-11 所示。

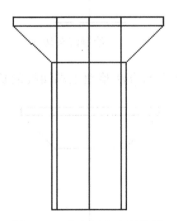

图 8-11　确定螺纹小径位置

（11）启动【修剪】命令整理图形，结果如图 8-12 所示。

（12）启动【倒角】命令，对螺纹底角倒距离为"0.6"的角，结果如图 8-13 所示。

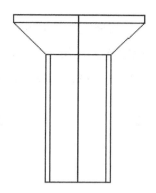

图 8-12　修整螺纹小径

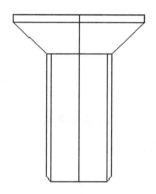

图 8-13　螺纹底角倒角

（13）启动【直线】命令，绘制倒角连接线，结果如图 8-14 所示。

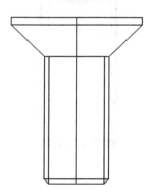

图 8-14　绘制倒角连接线

（14）启动【偏移】命令，将竖直中心线向左、向右偏移"1"的距离，将上端面线向下偏移"1.8"的距离，结果如图 8-15 所示。

（15）启动【修剪】命令整理图形，结果如图 8-16 所示。

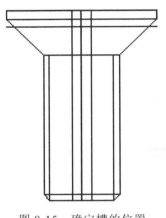

图 8-15　确定槽的位置

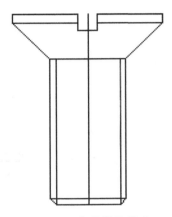

图 8-16　修整槽的轮廓

（16）利用"夹点编辑"的方法整理各中心线的长度并进行图层转换，完成螺钉的绘制，结果如图 8-17 所示。

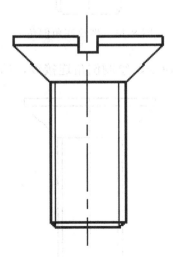

图 8-17　整理线条

8.2.3   绘制圆柱销 A4

操作步骤如下：

（1）启动【直线】命令，绘制高 4 的左端面竖直线；重新启动【直线】命令，以左端面竖直线的中点为起点，绘制长 20 的水平中心线，结果如图 8-18 所示。

图 8-18   绘制绘图基准线

（2）启动【偏移】命令，将水平中心线向上、向下偏移"2"的距离，将左端面线向右偏移"20"的距离，结果如图 8-19 所示。

图 8-19   确定圆柱销的外轮廓位置

（3）启动【倒角】命令，在【命令行】中键入"A"，按【Enter】键，在【命令行】中键入"0.6"，按【Enter】键，在【命令行】中键入"15"，按【Enter】键，首先选择水平线为倒角边，再选择竖直线为倒角边，对四个角分别进行倒角，结果如图 8-20 所示。

图 8-20   端面倒角

（4）启动【直线】命令，绘制倒角连接线，结果如图 8-21 所示。

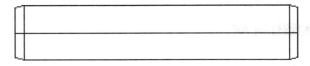

图 8-21　绘制倒角连接线

（5）利用"夹点编辑"的方法整理各中心线的长度并进行图层转换，完成圆柱销的绘制，结果如图 8-22 所示。

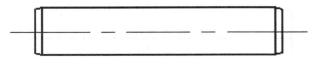

图 8-22　整理线条

8.2.4　标注机用虎钳标准件

绘制完成机用虎钳标准件后，用户即可进行尺寸的标注。机用虎钳标准件的标注方法和前面章节相同，这里不再叙述。

8.3　本实例小结

本实例主要讲解了机用虎钳标准件的设计探究；机用虎钳标准件 CAD 设计解析。

本实例重点与难点

1．外螺纹大径、小径的表达方法。

2．角度非 45°的倒角绘制方法。

实例 9　绘制机用虎钳装配图

本实例重点介绍机用虎钳装配图的设计。机用虎钳是安装在机床工作台上，用于夹紧工件，以便进行切削加工的一种通用工具。固定钳身可安装在机床的工作台上，起固定作用，用扳手转动螺杆，能带动螺母块作左右移动，因为螺旋线有两个运动：转动和轴向移动，螺杆被轴向固定所以只能轴向移动将运动传递给螺母块，螺母块带着螺钉（自制螺钉）、活动钳身、钳口板作左右移动起夹紧或松开工件的作用。

本实例主要内容有：

●　机用虎钳装配图的设计探究。

●　机用虎钳装配图 CAD 设计解析。

●　本实例小结。

9.1　机用虎钳装配图的设计探究

机用虎钳是安装在机床工作台上，用于夹紧工件的工具。该部件共有零件 11 种，其中标准件 2 种，非标准件 9 种，该机用虎钳有一条装配线，螺杆 8 与环 6 之间通过圆锥销 7 联接，螺杆 8 只能在固定钳身 1 上转动。活动钳身 4 的底面与固定钳身 1 的顶面相接触，螺母块 9 的上部装在活动钳身 4 的孔中，它们之间通过螺钉 3 固定在一起，而螺母块的下部与螺杆之间通过螺纹连接起来。当转动螺杆 8 时，通过螺纹带动螺母块 9 左右移动，从而带动活动钳身 4 左右移动，达到开、闭钳口夹持工件的目的。固定钳身 1 和活动钳身 4 上都装有钳口板，它们之间通过螺钉 10 连接起来，为了便于夹紧工件，钳口板上应有滚花结构。

9.2 机用虎钳装配图 CAD 设计解析

在绘制固定钳座之前，用户首先应该对其进行系统的分析。如图 9-1 所示为机用虎钳装配图，根据国家标准，确定绘图的比例为 1:1，图幅为 A3 横向；零件各部分的线型包括粗实线、中心线、剖面线、虚线和尺寸线；尺寸包括规格及最大工作范围：0～63，中心高 16；配合尺寸：$\phi12H8/f7$、$\phi18H8/f7$、$\phi20H8/f7$、$82H8/f7$；钳口板主要尺寸：中心距 40，长度 80；安装尺寸：116、$2\times\phi11/锪平\phi25$；总体尺寸：62、204、144（总宽）。另外此图形由 4 个视图组成。主视图表达了机用虎钳的整体结构、工作范围，也表达了装配体的主装配线。在分析工作原理时同时也读出了相关零件的装配关系、部分结构。俯视图进一步表达了装配体的整体结构，以及各零件的形状特征，局部剖表示了螺钉把钳口板固连在活动钳身上。左视图进一步表达整体结构、零件形状特征、装配连接关系，这里能清晰看出固定钳身与活动钳身的配合关系。单独零件图，表达了钳口板上的特殊结构网状槽。下面介绍机用虎钳装配图的绘制方法和步骤。

9.2.1 设置绘图环境

在绘制机月虎钳的装配图之前，用户需要将 11 种零件按照 1:1 的比例做成图块，在绘制装配图时利用插入块和移动命令进行绘制，最后再根据各个零件之间的遮挡关系整理图形。由于在制作块的过程中图形所需的所有线型都已经设置好，在这里，用户只需要设置尺寸图层和文字图层，为后续的标注尺寸和书写文字做准备。

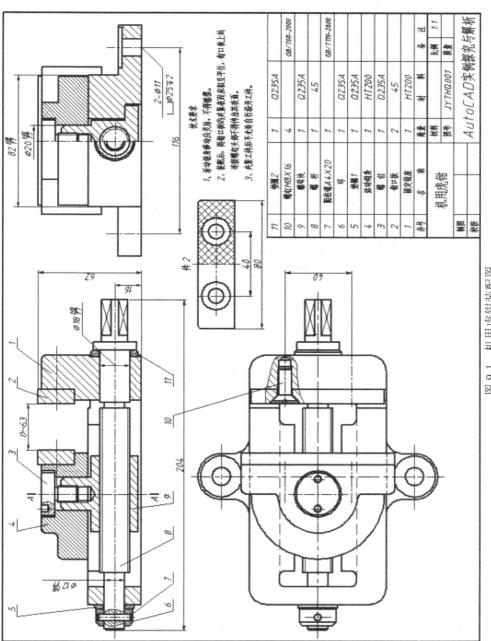

技术要求

1. 活动钳身移动应灵活，不得有卡滞。

2. 装配后，两钳口的夹紧面应平行，钳口表面应紧密贴合。

3. 夹紧工件时应有自锁作用。

11	螺母2	1	Q235A	
10	螺钉M8×16	4	Q235A	GB/T68—2000
9	钳座块	1	Q235A	
8	螺杆	1	45	
7	圆柱销A6×20	1		GB/T119—2000
6	螺母1	1	Q235A	
5	活动钳身	1	Q235A	
4	螺母	1	HT200	
3	钳座	1	Q235A	
2	钳口板	2	45	
1	固定钳身	1	HT200	
序号	名 称	数量	材 料	备 注
制图		机用虎钳	JYTHQ001	比例 1:1
审核				数量

AutoCAD实例探究与解析

图 9-1 机用虎钳装配图

9.2.2 绘制机用虎钳各零件图块

绘制固定钳座主视图图块

操作步骤如下：

（1）利用复制（Ctrl+C）和粘贴（Ctrl+V）的方法，将"固定钳座主视图"复制到新文档中，结果如图 9-2 所示。

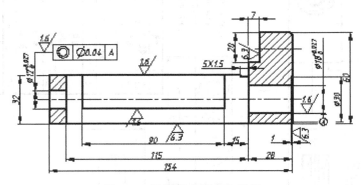

图 9-2　复制固定钳座主视图

（2）启动【删除】命令，将固定钳座主视图中的所有尺寸删除，结果如图 9-3 所示。

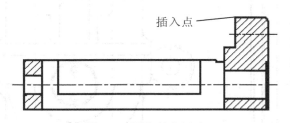

图 9-3　删除所有尺寸

（3）启动【创建块】命令，弹出【块定义】对话框，并对【块定义】对话框进行设置，如图 9-4 所示。

- 在【名称】一栏中键入"01-固定钳座主视图"。
- 单击【拾取点】按钮。打开捕捉，光标移至图 9-3 所示的"插入点"处单击，返回【块定义】对话框。

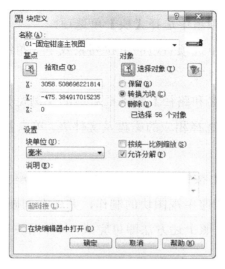

图 9-4 【块定义】对话框

- 单击【选择对象】按扭。选中如图 9-3 所示的所有图形。

- 单击【块定义】对话框中的【确定】按钮，完成"固定钳座主视图"
图块的制作。

（4）启动【写块】命令，弹出【写块】对话框，如图 9-5 所示。

图 9-5 【写块】对话框

（5）在【源】选项组中选择【块】单选项。

（6）单击【块】单选项右边的下拉列表或下三角符号，选中被定义的块名"01-固定钳座主视图"。

（7）单击【文件名和路径】输入框右边的【浏览】按钮在弹出的【浏览图形文件】对话框中，选择相应的磁盘及文件夹，单击【保存】按钮，返回【写块】对话框。

（8）单击【确定】按钮，即将块以"01-固定钳座主视图"的名称保存在指定盘中。完成固定钳座主视图块的制作，并保存到硬盘中备用。

其他图形的图块按照上述方法即可完成，具体图块样式如图 9-6 至图 9-25 所示。

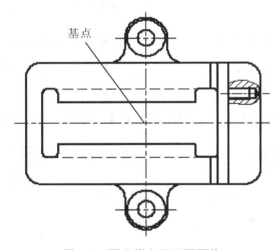

图 9-6　固定钳座俯视图图块

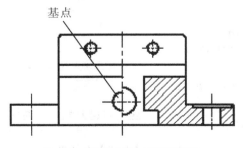

图 9-7　固定钳座左视图图块

图 9-8 钳口板主视图图块

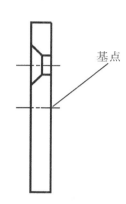

图 9-9 钳口板俯视图图块

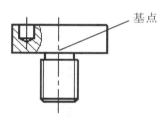

图 9-10 螺钉主、左视图图块

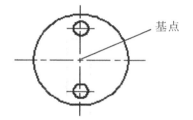

图 9-11 螺钉俯视图图块

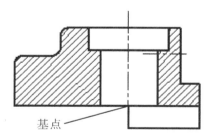

图 9-12 活动钳身主视图图块

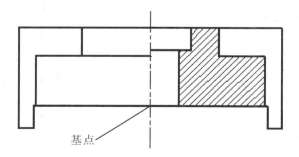

图 9-13 活动钳身左视图图块

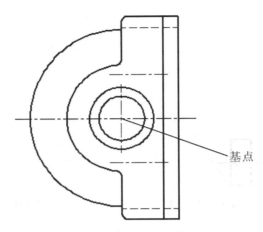

图 9-14 活动钳身俯视图图块

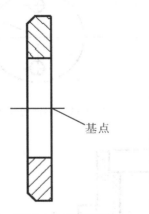

图 9-15 垫圈 1 主视图图块

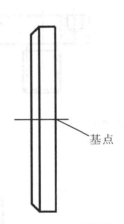

图 9-16 垫圈 1 俯视图图块

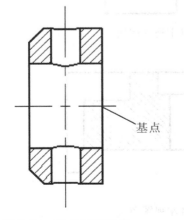

图 9-17 环主视图图块

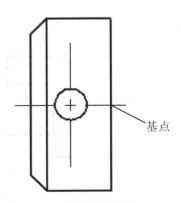

图 9-18 环俯视图图块

图 9-19 圆柱销图块

图 9-20 螺杆主、左视图图块

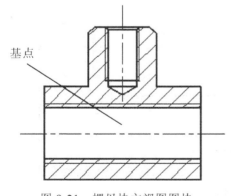

图 9-21 螺母块主视图图块

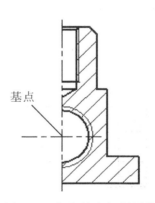

图 9-22 螺母块左视图图块

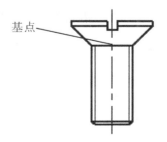

图 9-23 螺钉 M8 图块

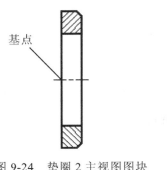

基点

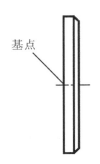

基点

图 9-24　垫圈 2 主视图图块　　　　　　　　图 9-25　垫圈 2 俯视图图块

9.2.3　绘制机用虎钳装配图

1. 绘制主视图

操作步骤如下：

（1）启动【插入块】命令，将"固定钳座主视图"图块插入到文档中，结果如图 9-26 所示。

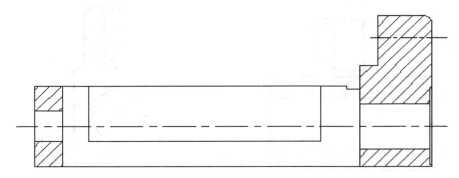

图 9-26　插入"固定钳座主视图"图块

（2）重复启动【插入块】命令，将"垫圈 2 主视图"图块插入到文档中。

（3）启动【移动】命令，将"垫圈 2"与"固定钳座"装配到一起，结果如图 9-27 所示。

（4）启动【插入块】命令，将"螺杆"图块插入到文档中。

（5）启动【移动】命令，将"螺杆"与"固定钳座"装配到一起，结果如图 9-28 所示。

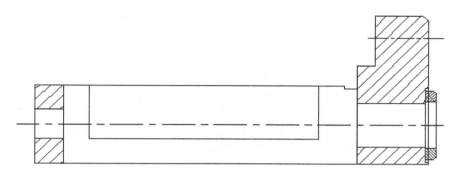

图 9-27　安装垫圈 2

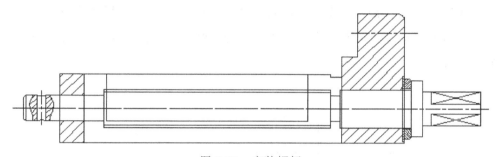

图 9-28　安装螺杆

（6）启动【插入块】命令，将"螺母块主视图"图块插入到文档中。

（7）启动【移动】命令，将"螺母块"与"螺杆"装配到一起，结果如图 9-29 所示。

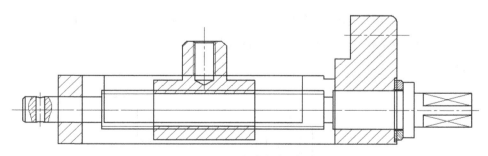

图 9-29　安装螺母块

（8）启动【插入块】命令，将"垫圈 1 主视图"图块插入到文档中。

（9）启动【移动】命令，将"垫圈 1"与"固定钳座"装配到一起，结果如图 9-30 所示。

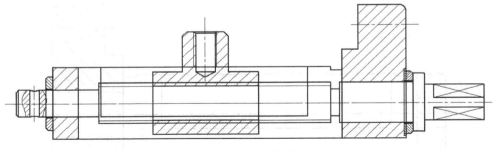

图 9-30　安装垫圈 1

（10）启动【插入块】命令，将"环主视图"图块插入到文档中。

（11）启动【移动】命令，将"环"与"垫圈 1"装配到一起，结果如图 9-31 所示。

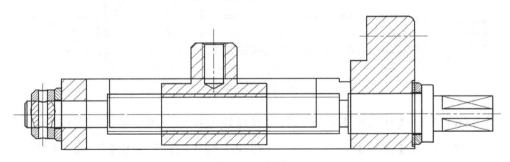

图 9-31　安装环

（12）启动【插入块】命令，将"圆柱销"图块插入到文档中。

（13）启动【移动】命令，将"圆柱销"与"螺杆"装配到一起，结果如图 9-32 所示。

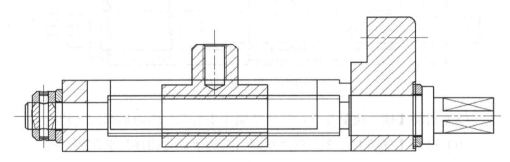

图 9-32　安装圆柱销

（14）启动【插入块】命令，将"活动钳身主视图"图块插入到文档中。

（15）启动【移动】命令，将"活动钳身"与"固定钳座"装配到一起，结果如图 9-33 所示。

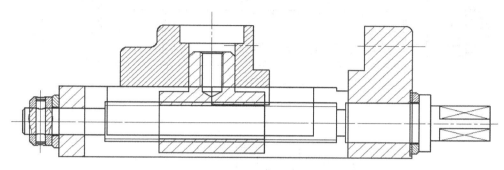

图 9-33　安装活动钳身

（16）启动【插入块】命令，将"螺钉主视图"图块插入到文档中。

（17）启动【移动】命令，将"螺钉"与"活动钳身"装配到一起，结果如图 9-34 所示。

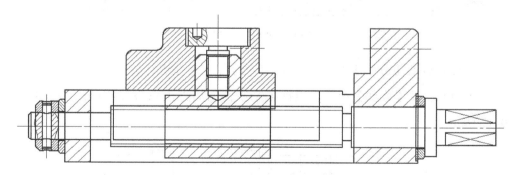

图 9-34　安装螺钉

（18）启动【插入块】命令，将"钳口板主视图"图块插入到文档中。

（19）启动【移动】命令，将"钳口板"与"固定钳身"装配到一起，结果如图 9-35 所示。

（20）启动【复制】命令，将"钳口板"与"活动钳身"装配到一起，结果如图 9-36 所示。

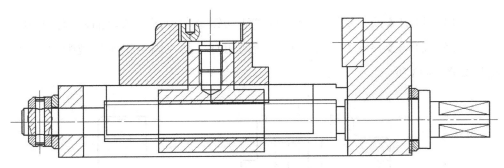

图 9-35　安装右钳口板

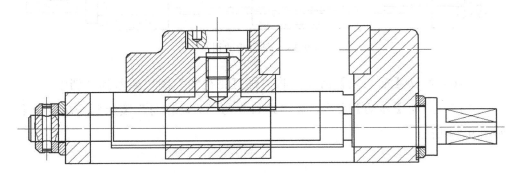

图 9-36　安装左钳口板

（21）启动【分解】命令，将装配好的各个零件进行分解。

（22）启动【修剪】命令，根据各个零件的遮挡关系整理图形，结果如图 9-37 所示。

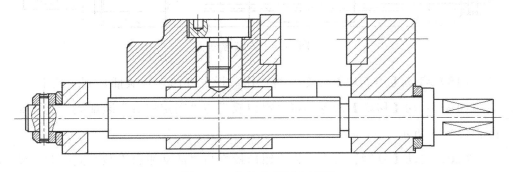

图 9-37　修整装配图主视图

2. 绘制俯视图

操作步骤如下：

（1）启动【插入块】命令，将"固定钳座俯视图"图块插入到文档中，结果如图 9-38 所示。

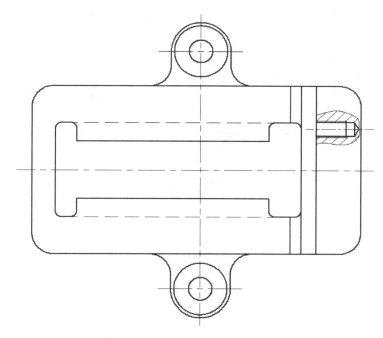

图 9-38　插入"固定钳座俯视图"图块

（2）重复启动【插入块】命令，将"垫圈 2 俯视图"图块插入到文档中。

（3）启动【移动】命令，将"垫圈 2"与"固定钳座"装配到一起，结果如图 9-39 所示。

（4）启动【插入块】命令，将"螺杆"图块插入到文档中。

（5）启动【移动】命令，将"螺杆"与"固定钳身"装配到一起，结果如图 9-40 所示。

（6）启动【插入块】命令，将"活动钳身俯视图"图块插入到文档中。

（7）启动【移动】命令，将"活动钳身"与"固定钳座"装配到一起，结果如图 9-41 所示。

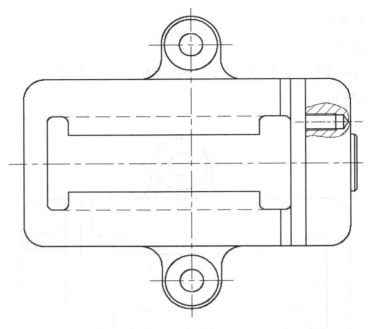

图 9-39　安装垫圈 2

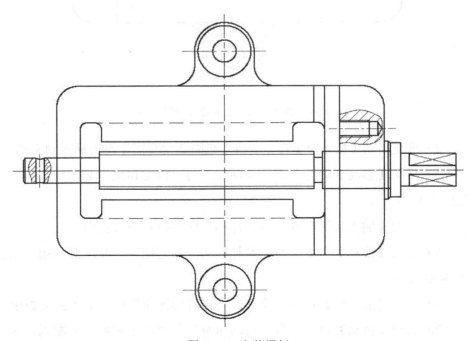

图 9-40　安装螺杆

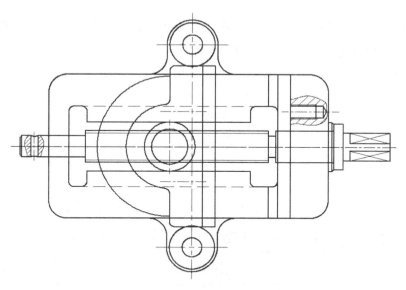

图 9-41　安装活动钳身

（8）启动【插入块】命令，将"螺钉俯视图"图块插入到文档中。

（9）启动【移动】命令，将"螺钉"与"活动钳座"装配到一起，结果如图 9-42 所示。

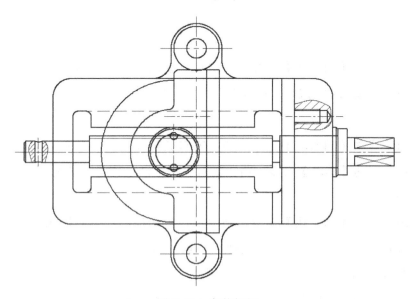

图 9-42　安装螺钉

（10）启动【插入块】命令，将"垫圈 1 俯视图"图块插入到文档中。

（11）启动【移动】命令，将"垫圈 1"与"螺杆"装配到一起，结果如图 9-43 所示。

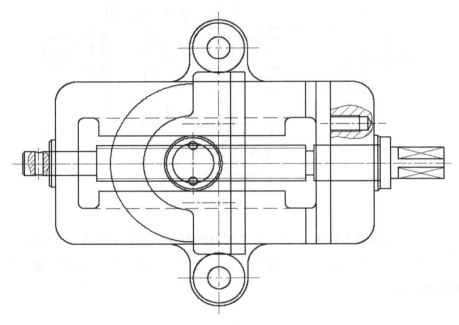

图 9-43　安装垫圈 1

（12）启动【插入块】命令，将"环俯视图"图块插入到文档中。

（13）启动【移动】命令，将"环"与"螺杆"装配到一起，结果如图 9-44 所示。

（14）启动【插入块】命令，将"螺钉俯视图"图块插入到文档中。

（15）启动【移动】命令，将"螺钉"与"活动钳身"装配到一起，结果如图 9-45 所示。

（16）启动【插入块】命令，将"钳口板俯视图"图块插入到文档中。

（17）启动【移动】命令，将"钳口板"与"固定钳座"装配到一起，结果如图 9-46 所示。

（18）启动【分解】命令，将装配好的各个零件进行分解。

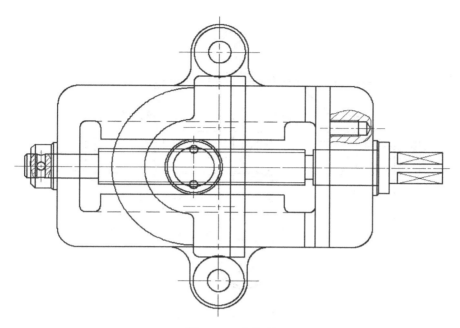

图 9-44 安装环

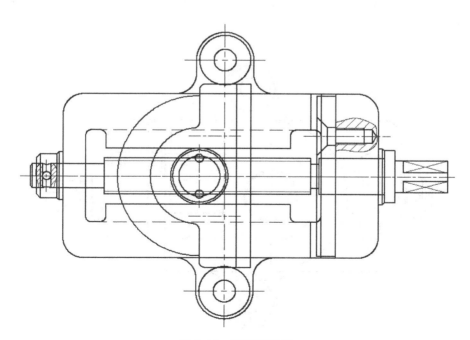

图 9-45 安装钳口板

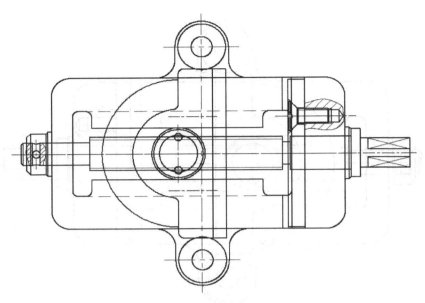

图 9-46　安装螺钉 M8

（19）启动【修剪】命令，根据各个零件的遮挡关系整理图形，结果如图 9-47 所示。

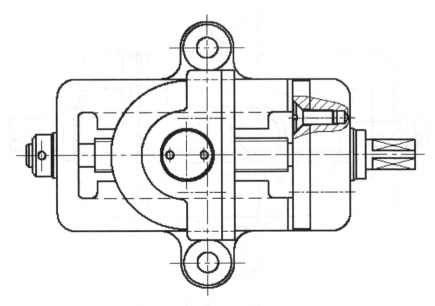

图 9-47　修整装配图俯视图

3. 绘制左视图

操作步骤如下：

（1）启动【插入块】命令，将"固定钳座左视图"图块插入到文档中，结果如图 9-48 所示。

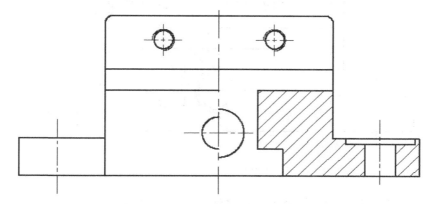

图 9-48 插入"固定钳座左视图"图块

（2）重复启动【插入块】命令，将"活动钳身视图"图块插入到文档中。

（3）启动【移动】命令，将"活动钳身"与"固定钳座"装配到一起，结果如图 9-49 所示。

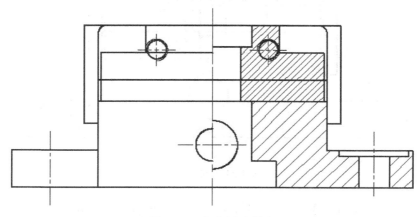

图 9-49 安装活动钳身

（4）启动【插入块】命令，将"螺母块左视图"图块插入到文档中。

（5）启动【移动】命令，将"螺母块"与"活动钳座"及"固定钳座"装配到一起，结果如图 9-50 所示。

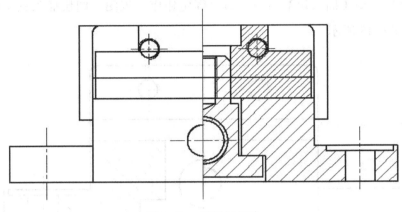

图 9-50　安装螺母块

（6）启动【插入块】命令，将"螺钉"图块插入到文档中。

（7）启动【移动】命令，将"螺钉"与"活动钳身"装配到一起，结果如图 9-51 所示。

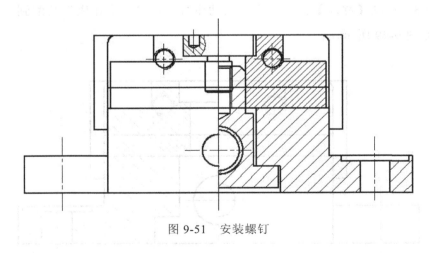

图 9-51　安装螺钉

（8）启动【分解】命令，将装配好的各个零件进行分解。

（9）启动【修剪】命令，根据各个零件的遮挡关系整理图形，结果如图 9-52 所示。

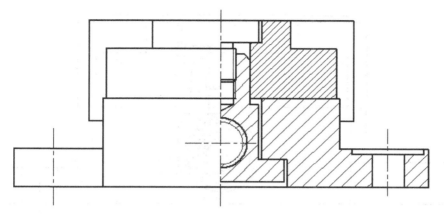

图 9-52　修整装配图左视图

（10）启动【直线】命令，绘制钳口板左视图轮廓线，结果如图 9-53 所示。

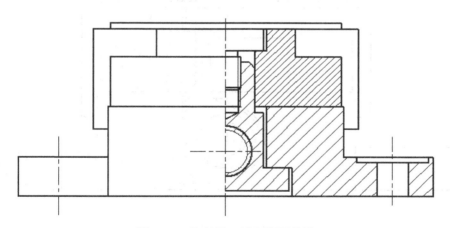

图 9-53　绘制钳口板左视图投影

（11）启动【圆】命令，以螺母块螺纹中心为圆心，绘制螺杆、环及垫圈 1 在左视图的投影圆，结果如图 9-54 所示。

（12）启动【修剪】命令整理图形，结果如图 9-55 所示。

（13）启动【移动】命令，按照三等关系，将主视图、左视图和俯视图对齐，完成机用虎钳装配图的绘制。

装配图中单独零件图"件 2"钳口板的不用绘制，将实例 2 中绘制好的图形复制到装配图中即可。

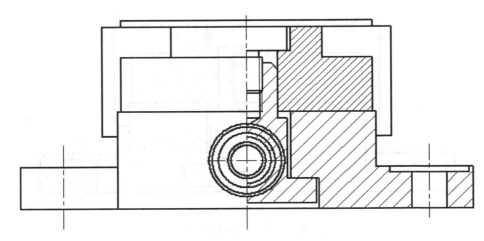

图 9-54　绘制螺杆、环及垫圈 1 的左视图投影

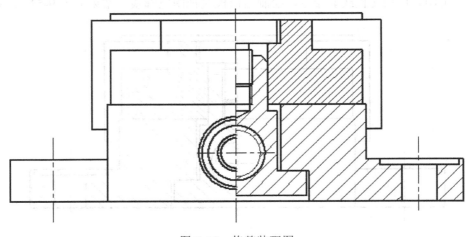

图 9-55　修整装配图

9.2.4　标注机用虎钳装配图

绘制完成机用虎钳装配图后，用户即可进行尺寸的标注。装配图的标注主要包括尺寸标注和零件序号的标注。

1.　标注尺寸

在装配图中，不需要将每个零件的尺寸全部标注出来，需要标注的尺寸有：规格尺寸、装配尺寸、外形尺寸，以及其他重要尺寸。本章以配合尺寸 82H8/f7

和安装尺寸 2-ϕ11/锪平ϕ25 为例，介绍特殊尺寸的标注方法。

（1）标注配合尺寸 82H8/f7。

操作步骤如下：

1）将图层转换到"尺寸线"图层。

2）启动【线性尺寸】标注命令，标注线性尺寸"82"，结果如图 9-56 所示。

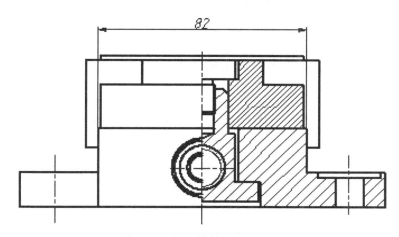

图 9-56　标注线性尺寸"82"

3）启动【文字编辑】命令。

4）选择要编辑的线性尺寸"82"。

5）弹出图 9-57 所示的【文字格式】对话框，在尺寸"25"后输入"H8/f7"，如图 9-57 所示。

图 9-57　尺寸编辑内容

6）选择"H8/f7"，如图 9-58 所示。

图 9-58　选择配合公差

7）单击【堆叠】按钮 ，结果如图 9-59 所示。

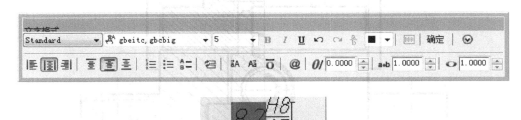

图 9-59　堆叠效果

8）单击【确定】按钮退出编辑界面，完成尺寸编辑，结果如图 9-60 所示。

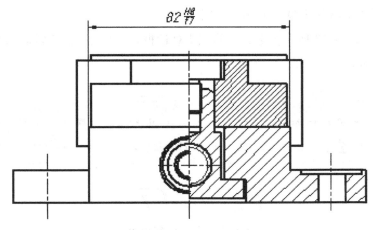

图 9-60　尺寸编辑结果

（2）标注安装尺寸 2-ϕ11/锪平ϕ25。

操作步骤如下：

1）启动【直线】命令，在安装孔下面中点绘制一条 45° 的斜线和一条水平线，结果如图 9-61 所示。

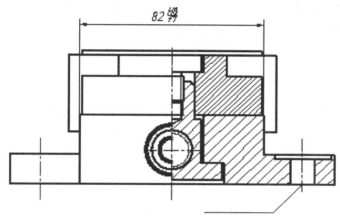

图 9-61　绘制尺寸直线

2）启动【多行文字】命令，光标在绘图区域内任意位置选择两点，在弹出的【文字格式】对话框中输入"2-ϕ11"后，单击【确定】按钮，结果如图 9-62 所示。

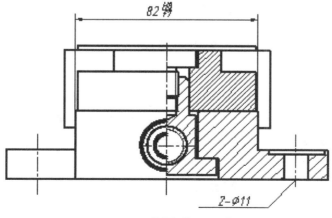

图 9-62　书写"2-ϕ11"

3）重复启动【多行文字】命令，光标在绘图区域内任意位置选择两点，弹出图 9-63 所示的【文字格式】对话框，将文字样式换成 gdt，文字高度改成 3.5，在对话框中输入字母 v，结果如图 9-63 所示；将文字样式重新切换成国标样式，文字高度改成 5，在对话框中输入ϕ25，结果如图 9-64 所示；将文字样式换成 gdt，文字高度改成 3.5，在对话框中输入字母 x，结果如图 9-65 所示；将文字样式重新切换成国标样式，文字高度改成 5，在对话框中输入 2，单击【确定】按钮，结果如图 9-66 所示。

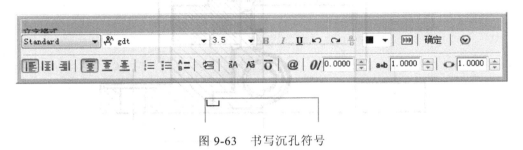

图 9-63　书写沉孔符号

图 9-64　书写沉孔大径

图 9-65　书写深度符号

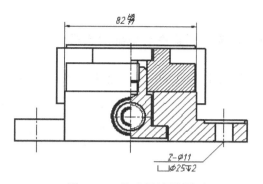

图 9-66　尺寸标注结果

2. 标注零件序号

在生产中，为便于图纸管理、生产准备、机器装配和看懂装配图，装配图上各零件都要编注序号。装配图的序号要和明细栏中的序号相一致，不能产生差错。零件的序号应沿水平或垂直方向按顺时针或逆时针方向排列。

在绘制序号的引线时，为了保证文字在同一水平和竖直线上，可以在合适的位置绘制一条水平线和竖直线作为辅助线。图 9-67 所示为标注零件序号后的装配图。

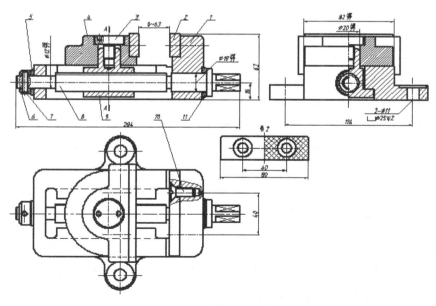

图 9-67　标注零件序号后的装配图

9.2.5 书写技术要求、标题栏及明细栏内容

机用虎钳装配图图纸中的文字主要包括技术要求、标题栏和明细栏，其中技术要求和标题栏文字的书写方法与前面章节相同，这里不再叙述，本章介绍利用【表格】命令创建明细栏的方法。图 9-68 为填写后的标题栏，表 9-1 为填写后的明细栏。

机用虎钳	材料		比例	1:1
	图号	JYTHQ001	质量	
制图		AutoCAD实例探究与解析		
校核				

图 9-68　填写的标题栏

表 9-1　机用虎钳装配图明细栏

序号	名称	数量	材料	备注
1	固定钳座	1	HT200	
2	钳口板	2	45	
3	螺钉	1	Q235A	
4	活动钳身	2	HT200	
5	垫圈 1	6	Q235A	
6	环	6	Q235A	
7	圆柱销 A4×20	1		GB/T119-2000
8	螺杆	1	45	
9	螺母块	4	Q235A	
10	螺钉 M8×16	1		GB/T68-2000
11	垫圈 2	4	Q235A	

创建明细栏

明细栏一般绘制在标题栏上方，并与标题栏对正。标题栏上方位置不够时，可在标题栏左方继续列表。明细栏中的零件序号应由下向上依次排列，以便于

补充。明细栏具体的尺寸是，总宽度为"140"，第1列的宽度为"15"，第2列的宽度为"45"，第3列的宽度为"15"，第4列的宽度为"35"，行高为"8"。下面介绍利用【表格】命令创建明细栏的方法。

操作步骤如下：

（1）启动【文字样式】命令，设置文字样式，请用户自行设置。

（2）启动【表格样式】命令。

（3）单击【新建】按钮，出现【创建新的表格样式】对话框，修改【新样式名】为"明细栏"，如图9-69所示，单击【继续】按钮。

图 9-69 【创建新的表格样式】对话框

（4）出现【新建表格样式】对话框，将【单元样式】下拉列表选为【数据】选项，将文字的"对齐"方式设置为"正中"，如图9-70所示。

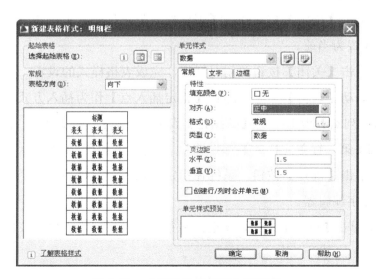

图 9-70 【新建表格样式】对话框

（5）选择【边框】选项卡，将线宽设置为"0.5"，单击外边框按钮田，如图 9-71 所示。

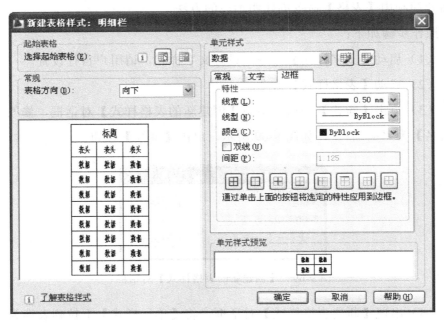

图 9-71　设置【边框】选项卡

（6）单击【确定】按钮回到【表格样式】对话框，单击【置为当前】按钮把该样式置为当前。

（7）单击【关闭】按钮关闭对话框，完成表格样式的设置。

（8）启动【表格】命令，选择【指定插入点】作为插入方式，将【列】设置为 5，【列宽】为 15，将【数据行】设置为 11，【行高】为 1，将【第一行单元样式】【第二行单元样式】都设置为"数据"，如图 9-72 所示。

（9）单击【确定】按钮，系统在指定的插入点自动插入一个空表格，并显示多行文字编辑器。

（10）单击【确定】按钮，先退出多行文字编辑器，创建的表格如图 9-73 所示。

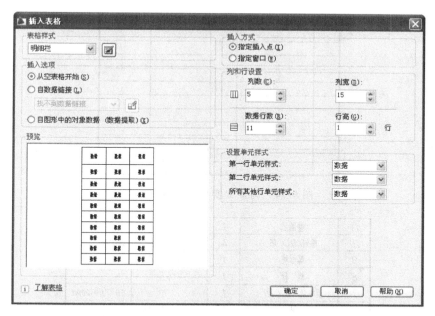

图 9-72　【插入表格】对话框

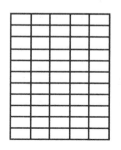

图 9-73　插入的表

（11）选中第 1 个表格的第 2 列单元格，右击，在弹出的快捷菜单中选择【特性】选项，在弹出的【特性】对话框中，将"单元宽度"设为"45"，采用相同的方法，将第 4 列"单元宽度"设为"35"，将第 5 列"单元宽度"设为"30"；选中所有单元格，右击，在弹出的快捷菜单中选择【特性】选项，在弹出的【特性】对话框中，将"表格高度"设为"96"，结果如图 9-74 所示。

（12）在单元格内双击，弹出多行文字编辑器，用户即可输入文字或对单元格中已有的文字进行编辑，结果如图 9-75 所示。

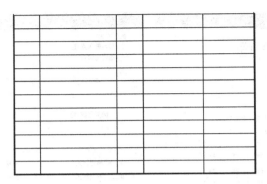

图 9-74　调整宽度和高度后的表格

11	垫圈2	1	Q235A	
10	螺钉M8X16	4		GB/T68-2000
9	螺母块	1	Q235A	
8	螺杆	1	45	
7	圆柱销A4X20	1		GB/T119-2000
6	环	1	Q235A	
5	垫圈1	1	Q235A	
4	活动钳身	1	HT200	
3	螺钉	1	Q235A	
2	钳口板	2	45	
1	固定钳座	1	HT200	
序号	名　称	数量	材　料	备　注

图 9-75　填写完成的明细栏

9.3　本实例小结

本实例主要讲解了机用虎钳装配图 CAD 设计解析；机用虎钳装配图的设计探究；利用图块绘制装配图的方法；表格设置及创建的方法；配合公差的标注方法。

本实例重点与难点

1．表格设置及创建的方法。

2．装配图的绘制方法和技巧。